"十三五"国家重点出版物出版规划项目

中国耐盐碱水稻技术创新与研究丛书

第三代杂交水稻育种技术

总 主 编　袁隆平

本卷主编　刘佳音　米铁柱　李继明　张国栋

山东科学技术出版社

图书在版编目（CIP）数据

第三代杂交水稻育种技术 / 袁隆平总主编；刘佳音
等主编. — 济南：山东科学技术出版社，2019.9
ISBN 978-7-5331-9892-3

Ⅰ.①第…　Ⅱ.①袁…　②刘…　Ⅲ.①杂交—水稻—
作物育种　Ⅳ.①S511.035

中国版本图书馆CIP数据核字（2019）第180649号

第三代杂交水稻育种技术
DISANDAI ZAJIAO SHUIDAO YUZHONG JISHU

责任编辑：孙雅臻　于　军
装帧设计：魏　然

主管单位：山东出版传媒股份有限公司
出　版　者：山东科学技术出版社
　　　　　地址：济南市市中区英雄山路189号
　　　　　邮编：250002　　电话：（0531）82098088
　　　　　网址：www. lkj. com. cn
　　　　　电子邮件：sdkj@sdcbcm.com
发　行　者：山东科学技术出版社
　　　　　地址：济南市市中区英雄山路189号
　　　　　邮编：250002　　电话：（0531）82098071
印　刷　者：济南新先锋彩印有限公司
　　　　　地址：济南市工业北路188-6号
　　　　　邮编：250100　　电话：（0531）88615699

规格：16开（185mm×260mm）
印张：13.75
版次：2019年9月第1版　　2019年9月第1次印刷
定价：128.00元

《第三代杂交水稻育种技术》编委会

总 主 编　袁隆平

本卷主编　刘佳音　米铁柱　李继明　张国栋

编　　委　（按姓氏笔画排序）

于　萌　王克响　王学华　齐双慧　孙佳丽

孙艳君　孙常键　李　莉　李儒剑　吴洁芳

邹丹丹　张　佩　张彦荣　罗　碧　袁定阳

顾晓振　徐春莹　彭既明

序

众所周知，增产粮食有两个主要途径：第一，依靠科学技术提高单位面积产量；第二，增加耕地面积。世界上大约有10亿hm²盐碱地，亚洲约占1/3，中国的盐碱地面积也在1亿hm²左右。有效利用这些盐碱地，增加可耕地面积是提高粮食总产量最直接和有效的途径，这也成为农业领域的重要发展方向。

2012年以来，为了有效地推进盐碱地稻作利用产业化，我带领青岛海水稻研究发展中心团队，联合国内外相关机构与研究者，从杂交水稻技术研发应用、耐盐碱水稻选育推广、优质稻米生产加工到智慧农业等多个领域进行了广泛深入的探索，搭建了跨学科融合创新的盐碱地稻作改良与可持续发展的新技术与新模式。

我带领青岛海水稻研究发展中心将以"解决饥饿问题，保障世界粮食安全"为使命，联合各方面力量，实现改良666万hm²盐碱地的目标，推动现代农业产业发展，助力乡村振兴，同时进行国际推广，加快"一带一路"建设步伐，共建人类命运共同体。

袁隆平

2019年7月

目　录

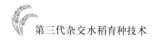

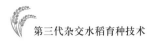

第一章　中国杂交水稻概况

　　稻米是中国一半以上人口的主食，因此水稻的稳产性、丰产性高低严重影响着我国的粮食供给安全。随着工业化、城市化的快速发展，工业用地、商业用地严重侵占农业生产所需的土地。目前，我国可利用的耕地总面积正在逐年减少，水稻种植面积也随之缩减。为保障我国粮食供给安全，保证稻谷总产量不变或进一步提高，提高水稻面积单位产量是最快捷有效的手段之一。

一、中国杂交水稻的发展

　　杂交水稻是利用杂种优势将两个在遗传上有一定差异的水稻品种的优良性状互补，通过杂交，获得具有杂种优势的第一代杂交种。由于杂交水稻来自两个不同的水稻品种，其基因型具有高度杂合性，后代出现株高、分蘖数、穗长、穗粒数等性状分离，因此需年年制种但不能留种。杂交水稻在产量和抗性方面较常规

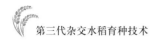

稻有较大优势，如"湘两优900"亩*产1 149.02kg，创造了世界上水稻单产的最新、最高纪录，但杂交水稻在米质上如直链淀粉含量、氨基酸含量、蛋白质含量等方面往往较常规稻稍差。

杂交水稻的生产面积已达水稻生产总面积的55%，其稻谷产量占全国稻谷总产量的一半以上。杂交水稻不仅在中国大面积推广，也在国外如印度、菲律宾、越南、埃及、印度尼西亚以及美国等多个国家得到推广。

（一）三系杂交水稻——第一代杂交水稻

1971年，湖南省水稻杂种优势利用协作组用野败原始株与早籼水稻品种6044杂交，从其杂种F1中选择不育株，1971年冬又以二九南1号为父本杂交，1973年育成二九南1号不育系和保持系，并与引自IRRI的水稻品种IR24配组育成强优势杂交水稻组合南优2号（林世成，1991），成为我国第一个三系配套的杂交水稻。

与此同时，颜龙安等人于1971年以"野败"为母本，以早籼水稻品种珍汕97为父本，通过杂交和回交，于1973年育成优良杂交水稻不育系珍汕97A和保持系珍汕97B。该不育系是20世纪八九十年代我国使用面积最大的杂交水稻不育系（林世成，1991）。湖南省贺家山原种场于1973年育成杂交水稻不育系V20A和同型保持系V20B，是全国推广面积最大的杂交水稻不育系之一（林世成，1991）。红莲细胞质的杂交水稻不育系统称为红莲型不育系（林世成，1991）。红莲细胞质杂交水稻不育系是武汉大学遗传研究室以海南红芒野生稻为母本，以早籼水稻品种莲塘早为父本，杂交、回交筛选出来的。后由广东省农业科学院转育成的粤泰A、B和2007年审定定名的珞红3号A、B（武汉大学生命科学学院育成）均属于此类型。

湖南省杂交水稻研究中心张惠莲从水稻品种印尼水田谷6号群体中选择出不育株，以此为亲本，经杂交、回交育成了杂交水稻不育系Ⅱ-32A和保持系

---

* 亩为非法定计量单位，1亩=1/15 hm²。本书沿用"亩产"提法。　编者注。

Ⅱ-32B。Ⅱ-32A是我国杂交水稻中重要的不育系之一。三系杂交水稻不育系的育成是在研究过程中利用了亲缘远缘和地理上远缘的细胞质基因而育成的，可见远缘基因的引入是杂交水稻成功的重要遗传物质基础。

三系杂交水稻恢复系的选育利用了国际水稻研究所选育的水稻品种IR8、IR24等为代表的一系列品种或其衍生系作为父本，从而配制出具有强优势的杂交水稻组合。我国杂交水稻推广面积最大、时间最久的杂交稻组合汕优63的恢复系明恢63就有国际水稻研究所选育的水稻品种IR30的亲缘，我国杂交水稻早期推广的强优杂交水稻组合南优2号的恢复系也是国际水稻研究所的IR24，还有我国广泛应用的其他杂交水稻强优组合汕优3号（珍汕97A／IR66）、汕优8号（珍汕97A／IR28）、威优6号（V20A／IR26）、威优30号（V20A／IR30）等都是以国际水稻研究所选育的水稻品种作为恢复系品种（林世成，1991）。相关研究报道，我国"八五"期间和"九五"期间育成的新恢复系中有80%以上的恢复系来自IR系列品种或者它们的衍生品种如汕优63、明恢63、南优2号、汕优3号、威优6号等（阳峰萍等，2007）。

1965年，云南农业大学的李铮友拉开了中国杂交粳稻的研究序幕，他在台北8号田中发现了天然杂交不育株，经过4年的攻关研究，最终于1969年育成中国第一个粳稻细胞质雄性不育系即"红帽缨不育系"，并通过籼粳搭桥技术于1970年育成中国第一个粳型恢复系南8，1973年实现杂交粳稻三系配套。至今，滇Ⅰ型不育系一直是中国培育粳型杂交稻组合的两个主要细胞质雄性不育系之一，主要用于培育滇杂、甬优以及津优的粳型杂交稻系列。目前，利用滇Ⅰ型不育细胞质培育的杂交粳稻在全国年推广种植达66.67万hm²。在我国粳稻种植面积中，杂交粳稻的种植面积只占粳稻种植总面积的3%，而常规粳稻的种植面积占粳稻种植面积的97%（汤述翥等，2008）。粳稻中恢复系匮乏，不育系遗传基础单一，杂交粳稻产量优势和米质优势比常规粳稻不明显，且不能留种进而增加农户的投入，这些因素严重制约杂交粳稻发展，其中粳稻中恢复系匮乏和不育系遗传基础单一是最主要制约因素。

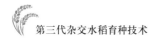

（二）两系杂交水稻——第二代杂交稻

1973年，石明松在湖北沔阳沙湖农场农垦58大田中发现了3株不育株，在相关单位通过自然分期播种过程中发现它们在长日照条件下表现为不育特性，而在短日照条件下恢复育性。基于这种雄性不育特性，石明松于1981年提出了长日高温下制种、短日高温下繁殖（即"一系两用"）的设想，拉开了我国两系法杂交稻全面发展的序幕（卢兴桂，2003）。专家们经过多年的研究，培育出了以培矮64S为代表的一批两系不育系，如Y58S、C815S、培矮88S等（罗孝和等，1989；李任华等，2000；郭柏生等，2001；邓启云，2005），并且配制出以"两优培九"为代表的一批高产两系杂交水稻组合，在我国大面积推广应用。

研究发现，两系杂交稻的不育系和杂交组合（F）在育性表现上存在着不稳定性，表现在杂交水稻生产上的不稳定。由于两系杂交水稻的遗传机制比较复杂，不同的研究者对此看法不同。如靳行明等认为受一对主效基因控制，朱英国等认为受两对隐性基因控制，万昕等认为应当属数量性状微效多基因控制。最后，张启发等人利用DNA分子标记研究发现，其光敏不育基因（$prns$）在第3，5，7，12号染色体上均能找到相应的基因位点，而温敏不育基因（$tins$）定位的研究结果是将8个温敏不育基因（$tins$）各自定位在8，7，6，2，2，5，9和10号染色体上（蔡春苗等，2008）。研究表明，共有12个控制两系杂交水稻的光温敏不育基因，是微效多基因控制的数量性状，易受环境条件如光照、温度的影响，因此在水稻生产中存在不稳定性。

1980年日本制定了水稻超高产育种计划，要求15年内育成比原有品种增产50%的超高产品种。后来虽然培育出了5个接近或达到育种目标的粳稻品种，但由于种种原因未能大面积推广。之后，1989年国际水稻研究所提出培育"超级稻"（后称"新型株"，也称理想株型）的育种计划（袁隆平，2006），并培育出1个适于直播的超级热带粳稻，也未能大面积推广。

1996年，中国农业部立项"中国超级稻育种"计划，并分期逐步实施：第一期，到2000年实现亩产700kg（中稻）；第二期，到2005年实现亩产800kg（中稻）；第三期，到2015年实现亩产900kg（中稻）（袁隆平，2008）。通过努力，已于2000年实现了超级稻第一期目标，2004年实现了第二期目标。据农业部统计，至2006年底共有49个水稻品种和杂交稻组合被认定为超级稻，其中常规稻品种14个，杂交稻组合35个（邓华凤，2007；袁隆平，2008）。

在超级杂交稻中，不育系中9A、中浙A、Q2A、培矮64S、C815S、P88S、Y58S起了重要作用，恢复系9311、Q611、蜀恢527、明恢86等起了重要作用，其中蜀恢527已配制出5个农业部认定的超级稻组合，明恢86及其衍生恢复系（航1号）配制出4个通过农业部认定的超级稻组合。9311与培矮64S配制的杂交稻组合"两优培九"在我国南方稻区推广面积最大。

（三）新"两系"杂交稻——第三代杂交水稻

中国的第一代杂交水稻是以细胞质雄性不育系为遗传工具的三系法杂交水稻，第二代杂交水稻是以光温敏雄性不育系为遗传工具的两系法杂交水稻。目前，中国杂交水稻的研究已进入第三代的研究，即以遗传工程雄性不育系为遗传工具的杂交水稻。第一代杂交水稻即三系法杂交水稻是杂交水稻育种的经典方法，其不育性表现较为稳定，但其育性受恢复系和保持系关系的制约，筛选到优良组合的概率较低；第二代杂交水稻即两系法杂交水稻，它在配组方面自由度较高，几乎大部分常规水稻品种都能恢复其育性，但其育性受环境影响较大，而天气因素非人力所能控制，若遇到极端天气（如异常低温或异常高温）会使研究结果失败。鉴于三系法和两系法都有各自的优缺点，因此我们期望找到一种可以将这两种杂交水稻育种方法结合起来，并起到互补作用的新育种方法，即"第三代杂交水稻育种技术"。

二、中国杂交水稻的推广历程

袁隆平1964年在安江农校实习农场发现水稻不育株，从此拉开了中国杂交水

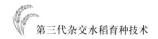

稻研究的序幕，历时9年的攻关研究，于1973年实现我国籼型杂交水稻不育系、保持系和恢复系的三系配套，育成我国第一个三系配套的杂交水稻——南优2号，并于1975年实现大面积推广种植。1976—1988年，12年的时间内，杂交水稻的推广种植面积从14万hm²上升到1 266.67万hm²，这在中国作物良种推广史上极为罕见（覃明周，1989）。

目前已推广的杂交水稻大部分含有细胞质雄性不育系的血缘，其中主要的细胞质类型有包台型（BT型）、红莲型（HL型）、野败型（WA型）、印水型（YS型）以及冈型（K型）。研究表明，野败型、冈型和印水型中的不育基因在起源和遗传关系方面为同一种不育类型。BT型不育基因Orf79位于线粒体基因组，其编码产物细胞毒素肽ORF79导致花粉失去育性，而位于水稻第10号染色体的基因Rf21即为WA型不育基因。

1974年，南优2号、矮优2号等第一批杂交组合诞生，一般单产超过7.5t/hm²，其中广西农学院的南优2号单产8.96t/hm²，比早稻当家品种广选3号翻秋栽培增产48.4%，比晚稻当家品种包选2号增产61.5%，比高产亲本IR24增产48.18%。1975年，湖南、江西、广西、广东等十多个省（自治区、直辖市）试种杂交水稻373.33hm²，平均单产7.5t/hm²以上，双季早稻和中稻比当地当家品种增产20%~30%，双季晚稻增产幅度更高。1976年1月，农业部在广州召开南方13省（自治区、直辖市）参加的籼型杂交水稻推广会议，决定在中国南方大面积推广杂交水稻，并由湖南向部分省（自治区、直辖市）提供三系种源。1976年全国杂交水稻种植面积跃升到13.8万hm²，较1975年扩大了369倍，使杂交水稻推广进入1976—1979年的快速增长期（图1-1）。1978—1979年杂交水稻面积稳步扩大，为之后的推广打下了坚实的基础。1980—1981年进入徘徊期：杂交水稻组合单一、生育期较长、抗性不强等，有些地方病虫害严重，或因抽穗扬花期受高温、低温影响，致使空壳率高，造成减产（万崇翠，1988），1980年杂交水稻种植面积由1979年的496.73万hm²下降到478.87万hm²，1981年又恢复到511.73万hm²。1982年开始进入新的发展时期：通过调整组合布局，1982年种植面积扩大到61.67万

hm²。1985年由于受粮食面积缩减的影响，杂交水稻种植面积由1984年的884.47万hm²下降至861.20万hm²。之后杂交水稻推广面积逐年稳步扩大，1992—1993年出现2年的短暂下滑后，1994年又迅速反弹，并于1995年达到2 089.78万hm²（占水稻面积的67.97%）的历史最大面积。1995—1999年在1 900万hm²以上的高位维持了5年，之后杂交水稻面积呈现缓慢的下降趋势，至2013年维持在1 617.87万hm²（占水稻面积的53.37%）。1976—2013年，中国杂交水稻总推广面积为5.3162亿hm²。

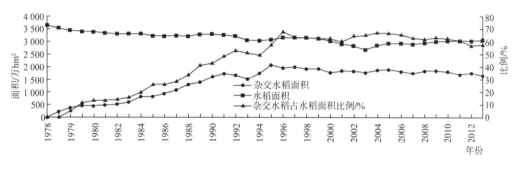

图1-1　1976—2013年中国杂交水稻推广面积变化动态
（胡忠孝，2016）

1995年之后杂交水稻面积下降与水稻种植面积下降的大背景有关，如图1-1所示。至于水稻种植面积下降的原因，主要是随着经济发展，耕地减少，以及种植业结构从粮食作物向非粮作物的调整。从2004年开始，随着国家对粮食生产重视力度的加大，水稻种植面积开始缓慢回升，但杂交水稻面积继续维持下降趋势。究其原因：一是随着人们生活水平的提高，对稻米品质的要求也逐渐提高，米质更优的常规稻获得更大的种植空间；二是杂交水稻种子价格一路走高，导致杂交水稻用种成本增加，尤其轻简栽培用种量大，农民转而种植用种成本更低的常规稻；三是随着直播、机插、机收等轻简、机械化栽培技术的推广，要求水稻品种生育期短、稳产性好、抗倒性强，而目前缺乏相应的杂交水稻品种（石萌萌，2014；陈立云，2015）。

如表1-1和表1-2所示，2013年全国共有17个省（自治区、直辖市）有杂交

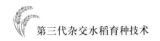

水稻分布，其中面积最大的是湖南，达到287.94万hm²，其次是江西，再次是湖北、安徽和四川，而上海、江苏、浙江、福建、河南、海南、重庆、贵州、云南和陕西的杂交水稻面积较小。

表1-1　2013年中国杂交水稻面积分布（胡忠孝，2016）

地区	面积（万hm²）	占水稻面积比例（%）
上海	2.41	18.54
江苏	20.70	7.59
浙江	45.61	46.05
安徽	182.54	70.48
福建	62.11	86.79
江西	233.65	77.98
河南	52.31	88.01
湖北	195.00	84.61
湖南	287.94	64.50
广东	111.07	59.45
广西	125.07	87.13
海南	18.21	52.58
重庆	55.84	99.69
四川	169.91	99.45
贵州	31.35	95.30
云南	21.39	57.11
陕西	8.85	100.00

　　陕西、重庆、四川、贵州、海南的杂交水稻占水稻面积的比例都在90%以上，河南、湖北、福建、广西在80%以上，江西、安徽、湖南为60%～80%，广

东、云南、浙江为40%～60%，上海、江苏在20%以下。上海、江苏、浙江等沿海经济发达地区的杂交水稻面积所占比例较低，一方面是当地对优质常规稻的需求旺盛，另一方面是其粳稻面积比例较大，而粳稻以常规稻为主。

表1-2　2013年中国两系杂交水稻面积分布（胡忠孝，2016）

地区	面积（万hm²）	占水稻面积比例（%）
上海	0.09	3.73
江苏	12.21	58.99
浙江	6.97	15.28
安徽	128.40	70.34
福建	9.80	15.78
江西	62.52	26.76
河南	23.22	44.39
湖北	113.09	57.99
湖南	116.10	40.32
广东	15.82	14.24
广西	43.00	34.38
海南	0.09	0.49
重庆	9.12	16.33
四川	1.55	0.91
贵州	1.63	5.20
云南	1.89	8.84
陕西	0.00	0.00

云南省杂交水稻比例较低的原因主要是境内粳稻区占很大比例，而粳稻以常

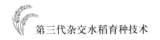

规稻为主，虽然近年来育成了滇杂、滇优、云光等系列杂交粳稻组合，但在生产中的推广应用面积还不大。

第一代杂交水稻（1974—1982年）是在三系配套过程中，利用二九南1号A、二九矮4号A、珍汕97A、V20A、V41A、金南特43A、广陆银A、朝阳1号A、常付A等不育系与泰引1号、IR24、IR66、古154、IR665、IR26、桂选7号等有恢复能力的常规品种测交筛选育成的，其中南优2号、南优3号、南优6号推广面积最大。第一代组合虽然杂种优势明显，但也显现出明显不足，如矮优2号结实率不稳定、易倒伏，南优8号不耐高温，金优2号制种产量不稳定。另外，第一代组合均表现稻瘟病和白叶枯病抗性差。因此，最后通过调整、择优，确定不育系以珍汕97A、V20A为主，恢复系以IR24、IR26、IR66为主进行配组；调整布局，汕优2号、汕优3号主要在华南作早稻、长江流域作中稻，汕优6号、威优6号主要作晚稻。

第二代杂交水稻（1983—1995年）由恢复系改造后配组育成，表现多类型、多熟期、多抗性，代表组合有汕优30选、博优64、威优35、威优64、威优49、汕优桂8、汕优63等。同时，第二代杂交水稻的发展还伴随着不育细胞质的逐步丰富。20世纪80年代初及以前，杂交籼稻细胞质全部来自野败，从1983年开始，不育细胞质来源逐渐形成野败、冈型、D型、矮败、红莲、印水等多质源局面。经过近10年的发展，到20世纪90年代初，第二代杂交水稻逐渐覆盖了各类型、各熟期、各区域，产量优势强于第一代，对主要病虫的抗性也强于第一代。

如图1-2所示，1996—2013年年推广面积在0.67万hm²以上的杂交水稻主要品种数量持续增加，由1996年的133个增加到2013年的532个，其中1981年配组的汕优63从1987年起连续15年种植面积冠居全国。1996—2013年年推广面积在0.67万hm²以上的常规稻主要品种数量变化不大，基本稳定在240～280个。这说明随着杂交水稻育种技术的不断进步，育成并在生产上推广应用的杂交水稻品种越来越多。虽然杂交水稻品种数量增加，但此期间杂交水稻面积呈缓慢下降趋势，因此1996—2013年单个杂交水稻主要品种的平均年推广面积逐年下降，由1996年的

11.01万hm²下降到2013年的2.36万hm²。此期间单个常规稻主要品种的平均年推广面积则变化不大，基本稳定在3.2万~3.8万hm²。这说明随着品种数量越来越多，品种竞争越来越激烈，单个品种要实现大面积推广的难度也越来越大；也说明虽然育成的品种不少，但突破性品种缺乏。

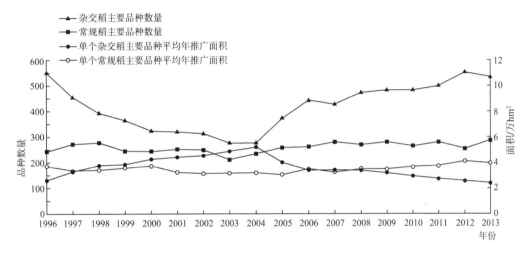

图1-2　1996—2013年中国杂交水稻主要品种数量及单个主要品种平均年推广面积
变化动态（胡忠孝，2016）

如表1-3所示，1996—2013年，年推广面积排名前3名的杂交水稻品种的面积越来越小，且品种之间的差距也越来越小，年推广面积在66.67万hm²以上的品种将很难再现。

表1-3　1996—2013年年推广面积前3名杂交水稻品种名称与面积
（胡忠孝，2016）

年份	第1名		第2名		第3名	
	品种名称	面积（万hm²）	品种名称	面积（万hm²）	品种名称	面积（万hm²）
1996	汕优63	356.40	冈优22	128.00	汕优多系1号	68.73
1997	汕优63	294.00	冈优22	159.80	汕优多系1号	53.20
1998	汕优63	230.60	冈优22	161.27	Ⅱ优838	49.27

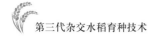
续表

年份	第1名		第2名		第3名	
	品种名称	面积 （万hm²）	品种名称	面积 （万hm²）	品种名称	面积 （万hm²）
1999	汕优63	143.93	冈优22	115.13	Ⅱ优501	61.73
2000	汕优63	115.87	Ⅱ优838	79.07	冈优22	74.33
2001	籼优63	76.13	Ⅱ优838	66.07	金优207	65.13
2002	两优培九	82.53	Ⅱ优838	65.13	冈优725	64.20
2003	两优培九	73.07	金优207	62.13	Ⅱ优838	60.40
2004	金优207	71.93	两优培九	67.13	Ⅱ优838	53.80
2005	两优培九	65.67	Ⅱ优838	51.93	冈优725	50.73
2006	两优培九	77.13	金优402	53.47	金优207	46.07
2007	两优培九	47.07	金优207	42.00	丰两优1号	39.80
2008	丰两优1号	36.73	扬两优6号	36.00	金优207	33.73
2009	扬两优6号	36.07	新两优6号	30.40	两优6326	28.40
2010	Y两优1号	30.53	新两优6号	27.13	扬两优6号	26.27
2011	Y两优1号	31.87	扬两优6号	24.67	新两优6号	24.47
2012	Y两优1号	37.67	五优308	27.93	新两优6号	24.33
2013	Y两优1号	34.33	五优308	33.13	深两优5814	26.00

　　两系法杂交水稻是中国农业科研领域的一项重大原创性成果。20世纪70年代，石明松发现水稻光敏不育新材料，育成了首个粳稻光温敏不育系农垦58S，并于1981年提出采取"两系法"利用水稻杂种优势。1987年国家"863计划"将"两系法杂交水稻"立项，组织全国性协作攻关。1994年第一批可应用于生产的两系杂交水稻组合70优9号（皖稻24）、70优04（皖稻26）和培两优特青通过省级品种审定。1995年8月，在湖南怀化召开的两系法杂交中稻现场会上，袁隆平宣布两系杂交水稻取得成功，可以在生产上大面积推广。

两系杂交水稻以其程序简单、配组自由、无细胞质负效应等优势，成为杂种优势利用的重要途径，也使得两系杂交水稻面积持续快速上升（图1-3）。两系杂交水稻研究成功的次年（1996年），其推广面积便达到18.05万hm²，2013年扩大到544.04万hm²。随着两系杂交水稻面积的扩大，两系杂交水稻占杂交水稻面积的比例也由1996年的0.92%上升到2013年的33.59%。目前两系杂交水稻已经成为杂交水稻的重要组成部分。

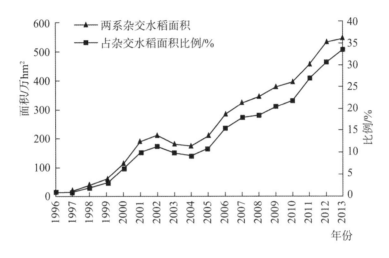

图1-3 1996—2013年两系杂交水稻推广面积变化动态（胡忠孝，2016）

1976—2013年，中国杂交水稻累计推广面积5.3162亿hm²，为保障国家粮食安全发挥了重要作用。但是，杂交水稻面积及其占水稻面积的比例已连续多年呈现缓慢下降趋势，其原因是耕地减少、种植业结构调整导致的水稻生产面积减少，以及种植杂交水稻者改种常规稻等（石萌萌，2014）。对于前者，这是伴随着中国经济高速发展而不可逆转的趋势，但必须坚守1.2亿hm²耕地面积的最后防线，以确保粮食安全。对于后者，要加强优质杂交水稻品种的选育，以适应人们不断提高的品质要求；开展杂交水稻全程机械化制种技术研究，提高制种产量，降低制种成本，从而降低种子价格，最终降低农民的用种成本；要选育生育期短、稳产性好、抗倒性强的杂交水稻品种，以适应种植大户、合作社、家庭农场等新型经营主体不断扩大的直播、机插、机收需求。

目前全世界种植水稻的国家有110多个，2008年全球水稻种植面积有1.56亿hm^2，可见杂交稻发展空间极大。随着杂交水稻不断走向世界，2008年，不包括中国在内的全球杂交水稻种植面积发展到300万～400万hm^2，预计2020年左右超过5 000万hm^2，全球每年将增收稻谷6 000万～7 500万t，可多养活2亿～3亿人，同时还可带动相关产业和经济的发展。

中国作为拥有13亿多人口的农业大国，保障粮食安全始终是农业科技的一项重要任务。目前，杂交育种技术是农作物育种中应用最广泛、最有效的技术，而智能不育分子设计育种技术将传统杂交育种方法和现代生物技术相结合，是一项有效利用隐性细胞核不育特性进行杂种优势利用的全新方法。由于智能不育技术具有克服"三系法"和"两系法"杂交水稻育种存在的技术缺陷，而这种技术的运用将成为杂交水稻领域的一次新的技术飞跃，这将推动杂交水稻研究与生产应用进入一个新的时代。第三代智能不育技术在杂交水稻上的成功应用，将为在其他自花授粉作物中开展杂交育种提供良好的范例。该杂交育种技术在多种作物的广泛应用，将会带来粮食作物和经济作物的大规模增产，为确保世界粮食安全和提高人们的生活质量提供技术支持。

参考文献

蔡春苗，施碧红，赵明富，等，2008. 水稻光温敏不育基因研究概况［J］. 生物技术通报（2）：23-27.

陈立云，雷东阳，唐文帮，等，2015. 中国杂交水稻发展面临的挑战与策略［J］. 杂交水稻，30（5）：1-4.

邓华凤，张武汉，舒服，等，2007. 南方稻区超级杂交中稻育种研究进展［J］. 杂交水稻，22（2）：732-738.

邓启云，2005. 广适性水稻光温敏不育系Y58S的选育［J］. 杂交水稻，20（2）：15-18.

郭柏生，吴桂生，曾俊，等，2001. 培矮64S系列组合秋制技术总结［J］. 杂交水稻，16（4）：19-20.

胡忠孝，田妍，徐秋生，2016.中国杂交水稻推广历程及现状分析［J］.杂交水稻，31（2）：1-8.

李任华，罗孝和，邱趾忠，2000.培矮64S繁殖技术探讨［J］.杂交水稻（S2）：39-40.

林世成，1991.中国水稻品种及其系谱［M］.上海：上海科学技术出版社.

卢兴桂，2003.中国光、温敏雄性不育水稻育性生态［M］.北京：科学出版社.

罗孝和，袁隆平，1989.水稻广亲和系的选育［J］.杂交水稻（2）：35-38.

石萌萌，2014.杂交水稻发展推广面临新考验［J］.科技导报，32（27）：9-9.

汤述翥，张宏根，梁国华，等，2008.三系杂交粳稻发展缓慢的原因及对策［J］.杂交水稻，23（1）：1-5.

阳峰萍，胡志萍，刘海林，等，2007.籼型杂交水稻恢复系的选育研究进展［J］.杂交水稻，22（2）：6-10.

袁隆平，2008.超级杂交水稻育种研究的进展［J］.中国稻米，6（1）：1-3.

第二章 杂交水稻育种技术

第一节 水稻杂种优势的利用

随着世界人口不断增长，耕地面积不断减小，粮食质量安全成为全世界日益关注的热点问题。水稻是世界主要粮食作物之一，中国是世界上最大的稻米生产国和消费国，60%以上的人口以稻米为主食，稻作面积和稻谷总产量分别占全世界的23%和37%。随着杂交稻的推广应用，水稻单产与总产都大幅度提高，其中水稻总产量占粮食总产量的42%左右，单位面积产量比粮食作物平均单产高45%，水稻高产的一个主要因素就是水稻杂种优势的利用。杂交水稻的成功推广与广泛种植成为农业史的一座里程碑，它否定了"自花授粉作物没有杂种优势"的传统理论观点，丰富了作物遗传育种的理论和实践，具有较高的学术价值，是中国水稻生产史的一次大飞跃，也为粮食生产的发展做出了巨大贡献。

一、杂种优势现象

广义杂种优势指两个遗传组成不同的亲本杂交产生的杂种F_1在某些表现型如生物量、生长势、适应性、产量、繁殖力、抗病性、品质、抗逆性等多方面超越其双亲的现象，即不同品种甚至不同种属间杂交得到杂种F_1，其代谢功能和生长率方面远超双亲表现，从而使得它们在器官、体型、产量、生殖力、成活力、生存力、抗病性、抗虫性、抗逆性等方面都比双亲有所提高。狭义杂种优势是指杂种F_1生长势的平均值或者生长势相对于双亲而言表现有所提高的现象。杂种优势一般有两种表现：一种是在某些远缘杂交子代，它们的后代只是在器官或者个体方面优于双亲，但是它们的生存和繁殖能力并没有超越双亲；另一种则是杂种F1的繁殖力和生存力相对于双亲而言表现有所提高，但在器官或个体生长方面表现却不一定优于双亲。

二、杂种优势的利用

1926年，Jones首先提出水稻具有杂种优势，之后杨守仁指出，水稻特别是籼粳稻杂交，具有的杂种优势更加突出（杨守仁，1959）。1987年袁隆平将杂交水稻的发展分为品种间杂种优势利用、亚种间杂种优势利用和远缘杂种优势利用3个阶段，并提出三系法、两系法和一系法的利用途径。三系杂交水稻研究成功后，我国便开始了水稻两系法杂种优势利用的新探索。两系法杂交水稻研究是我国的独创，1987年作为专题被列入国家"863计划"。两系法杂交水稻研究于1995年获得成功，育成的两系法杂交稻组合比同熟期的三系法杂交稻组合增产10%左右，抗性和米质均有所改进，其繁殖、制种和栽培技术也已成熟配套，进入生产应用阶段。1998年继两系杂交中晚稻育成后，长江流域双季稻区两系法又育成一批优质、高产早中熟的两系早籼稻。1997年袁隆平提出水稻株型改良和杂种优势利用相结合的超级稻育种计划，以实现水稻育种的第三次突破。

纵观世界水稻研究发展的趋势，利用杂种优势培育超高产水稻品种一直是水稻研究的重点、热点和难点。而我国水稻的杂种优势利用无论是在理论研究上还是在生产应用上，都居世界领先水平。目前，我国的杂交水稻育种研究与应用已经发展到两系法品种间和亚种间杂种优势利用阶段。研究超级稻杂种优势育种有3个方向：一是形态改良，二是提高杂种优势水平，三是将生物技术与常规育种结合起来。而超级稻杂种优势育种的发展是通过现代生物技术利用远缘杂种优势，如利用野生稻和其他近缘种属的有利基因、C4植物的高光合效率基因

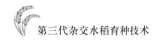

等，特别是培育一系法远缘杂交稻。用分子标记的方法，结合田间试验，现在野生稻（O. *rufipogon*）中发现了2个重要的数量性状位点（quantitative trait loci，QTL），分别位于第1、2号染色体上，具有比杂交水稻良种威优64高产18%的效应。因此，结合常规育种手段和分子育种技术利用水稻的远缘杂种优势，将会在杂交水稻育种方面有重大突破。

第二节　杂交水稻育种技术发展状况

中国杂交水稻的发展史，由雄性不育水稻的发现揭开了崭新的篇章。自此之后，每发现一种新型的不育株系，都促使新的杂交育种技术迅猛发展，推动了育种的变革。

一、第一代杂交水稻育种技术

1964年，袁隆平发现水稻天然雄性不育株，并在国内首次发表了《水稻的雄性不孕性》论文。第一代杂交水稻育种技术是指以核质互作雄性不育系为遗传工具的三系法育种技术，通过细胞质雄性不育系、保持系和恢复系（简称三系）的配套来实现。1973年，具有旺盛的生长优势和产量优势的优良杂交水稻组合的出现，宣告我国籼型杂交水稻即第一代杂交水稻培育成功。三系杂交水稻否定了自花授粉作物没有杂种优势的传统错误论断，成功开辟了一条利用水稻杂种优势大幅提高水稻产量的新途径。

（一）水稻三系与其相互关系

所谓水稻三系，就是指水稻的雄性不育系（用A表示）、雄性不育保持系（用B表示）、雄性不育恢复系（用R表示）。水稻是典型的自花授粉作物，雌雄同花。水稻杂种优势的利用，就是利用雄性不育的特性，通过异花授粉的方式来生产出大量杂交种子。这种利用水稻杂种优势的方法，需要不育系、保持系和恢复系的相互配套，通常称为水稻三系法杂交优势的利用。

水稻三系之间关系密切。不育系除了雄性器官发育不正常、花粉败育不能自交结实、抽穗吐颈不彻底外，其他性状与保持系基本相同。保持系与不育系杂交，所产生的种子仍为不育系，用作下次制种和繁殖之用；而不育系与恢复系杂交，所产生的杂交水稻种子用作下季大田生产用种；保持系、恢复系都是能够自交结实的正常水稻品种，它们自交所产生的种子仍分别为下次繁殖时作种用的保持系和下次制种时作种用的恢复系。

（二）三系不育系繁殖制种技术

1. 三系不育系繁殖制种技术原理

a. 不育系（A）× 保持系（B）——→ 繁殖不育系

　　保持系（B）× 保持系（B）——→ 繁殖保持系

b. 不育系（A）× 恢复系（R）——→ F_1杂种

　　恢复系（R）× 恢复系（R）——→ 繁殖恢复系

2. 三系不育系繁殖制种技术流程（图2-1）

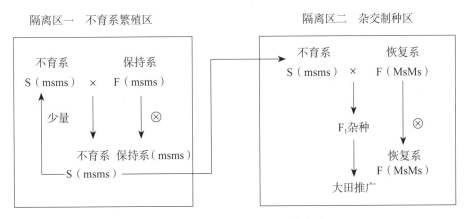

图2-1 三系不育系繁殖制种技术流程

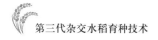

3. 繁殖制种技术

（1）选择试验地

基地条件直接影响繁殖种子的纯度与产量。基地应土壤肥力好，排灌方便，自然空间隔离条件好。与周围水稻（200m范围内）花期隔离确保20d以上才能保证种子质量。制种田要求隔离距离200m以上，隔离时间15d以上，并在赶粉前将出现的杂株彻底除尽。

（2）强化栽培管理，创造高产苗穗群体

① 适时移栽，合理密植。父母本适时移栽，大田有效穗靠插不靠发。母本秧龄控制在20d内移栽，最迟不超过25d，父本可推迟2～3d移栽，每蔸两粒谷。父母本行比2∶8，父本与母本之间一般留宽行，间距为26cm，父本株行距20cm×26cm，母本株行距为13.3cm×16.5cm。

② 科学管水，平衡施肥。重施底肥、早施追肥、科学管水，应特别注意加强父本的管理。中等肥力田每亩（666.67m^2，下同）施45%复合肥40kg作底肥，移栽后5～7d，每亩施用尿素12～15kg、磷肥20～25kg、钾肥7～8kg。进入幼穗分化期后每亩施10kg复合肥作穗粒肥，父本偏施；水分管理上，采取移栽后当天不灌水，第二天灌水活蔸，以后间歇灌溉，幼穗分化开始保持较深水层，抽穗以后，干干湿湿至收割。

③ 调节花期，促进授粉。为保证父母本头花不空、盛花相逢、尾花不丢的花期全遇标准，一般父本播3批，每期间隔3～5d。早中稻也可以根据播始历期推算法和积温预测法进行花期预测，中后期根据叶片预测法和幼穗抽查法进行花期预测，应用水促、旱控、偏施氮肥、增施磷钾的方法对花期进行调节（幼穗分化三期前）：

若父本早于母本，则对母本偏施氮肥，每亩施尿素5kg，母本撒草木灰，磷酸二氢钾150～200g兑水喷施2～3次；

若母本早于父本，则对母本每亩施尿素8～10kg，灌深水，父本撒草木灰，磷酸二氢钾150g兑水喷施2～3次。

④ 喷施"九二○"（赤霉素），辅助授粉。水稻抽穗10%～20%时可适当割

叶，以提高结实率。割叶同时喷施"九二〇"。"九二〇"的主要作用是促进不育系穗颈伸长，克服包颈现象，同时有促进抽穗开花的作用。主要采用竹竿赶粉进行人工辅助授粉。繁殖田在试验材料抽穗20%左右时，每亩喷施"九二〇"4~5g，促进穗颈伸长，减少包颈。正常气候条件下，制种田"九二〇"每亩用量15g左右，分3次喷施：母本见穗10%时，每亩喷施3g；第二天每亩喷施4~5g；第三天每亩喷施7~8g（表2-1）。制种田根据父本对"九二〇"的敏感程度，给父本单独加喷2~4g。进行人工辅助授粉，即每天当父本开花散粉时开始赶粉，一般使用双竹竿推拍授粉。

表2-1　制种田"九二〇"施用时间与用量

次数	时间	施用量（g）	加水量（kg）
第一次	抽穗10%	3	50
第二次	隔一天	4~5	50
第三次	隔一天	7~8	50

⑤ 除杂去劣，严防混杂。分别在苗期、抽穗前、成熟期进行去杂，去除杂草、杂株等。为防止机械混杂，收获时要做到"五分"，即分割、分脱、分运、分晒、分贮。先收父本，当父本清理干净后才收母本。收割、脱粒过程中，要严防错乱和机械混杂。贮藏时要带有标签。

（三）水稻雄性不育系与保持系的选育

水稻雄性不育系是一种正常的水稻品种，但其本身花粉不育，因而不能自交结实。为了使其保持传种接代，需要将一种具有特殊功能水稻的花粉授给不育系使其结实，而且其杂交后代仍然保持不育，这种具有能够使不育系保持不育特殊性状的品系，便称为水稻雄性不育保持系。

在选育水稻雄性不育系时，先要获得遗传性能稳定的雄性不育株，其次要有能把雄性不育株的不育特性传递给后代的保持系材料，然后通过测交和连续成对

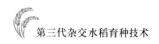

回交的方法，完成全部核置换之后，就可育成水稻雄性不育系及其相应的同型保持系。可见，不育系是水稻杂交优势的基础。利用雄性不育系已育成具有不同细胞质来源的各种类型的细胞质雄性不育系及其相应的保持系。

1. 雄性不育株的获得途径

水稻雄性不育系和保持系是极为相似的姐妹系，一般情况下，不育系选育成功时即可获得相应的保持系。要获得水稻原始的雄性不育株，先从田间自然群体中寻找获得不育株或通过人工诱变等方法获得不育株，然后，通过远缘杂交核置换法获得不育株。

（1）寻找田间自然不育株或人工诱变不育株

在水稻大田的群体中，常常会出现个别自然突变的不育株。当水稻开花时，通过认真细致的观察，可能会获取不育株。另外，还可以用人工诱变的方法，如钴60射线、激光等物理手段创造不育株。

（2）远缘杂交产生不育株

远缘杂交是指与亲缘关系较远的物种杂交。由于其双亲的亲缘关系较远，遗传物质差异大，通过杂交时的质核互作可导致雄性不育。当获得雄性不育株后，继续用原组合的父本回交进行核置换，取代母本的细胞核，经质核互作，形成一种新的变异类型——雄性不育系，而它的父本就是相应的保持系。

（3）雄性不育系转育

其基本原理是细胞核置换，即染色体代换。常用的方法就是测交筛选与连续回交，不育系的完全核置换与同型保持系的稳定将同步完成。

2. 保持材料的选育

（1）测交筛选法选育

获得雄性不育株后，利用国内外已育成的大量优良品种（系）与其杂交，从中挑选具有良好保持能力的材料用作保持系。

（2）人工制保法选育

人工杂交选育可采用一次杂交的方法，如保持系×保持系，选择2个各具有优良性状的保持材料进行杂交，然后从其杂交后代中选择符合育种目标的单株进行测交和回交转育便可。这种方法比较简单，育种速度也比较快，对改良某个不育系的个别或少数几个性状是比较有效的。还可以采用复式杂交的方法，即把多个品种（系）的有利基因综合到一个新的保持系品种中去，这种方法有利于育成优质、高抗、高异交率的不育系。

（四）恢复系的选育

恢复系制种不但要求被选择对象具有良好的经济性状，而且必须具备强配合力（优势）和恢复力（结实率），而配合力和恢复力的强弱表现，凭植株的表现型是无法决定的，只能通过人工测恢的方法进行确定。恢复系选育方法主要有以下几种：

1. 测交筛选法选育恢复系

采用广泛测交筛选法是一种最简便捷、收效最快的水稻恢复系选育途径。它是利用现有品种对不育系进行测交，从中筛选出具有强恢复力的品种（系）。其具体做法：先用现有强恢复力的优良品种（系）对不育系进行授粉，然后对其杂种第一代进行结实率、经济性状、抗性等主要性状的初评；对初评入选的品种再次进行杂交，验证初测入选品种的结果；根据复测的结果，对不符合育种目标的品种进行淘汰，而入选的少量株系就是该不育系的恢复系，可作大田生产鉴定或者新品种比较试验使用。

2. 杂交法选育恢复系

（1）一次杂交法

只通过一次杂交方式就把恢复系的恢复因子导入新的品种（系），再从其后代分离的群体里采取系普法选育的杂交方法。系普法是在现有品种的群体内，根据人们的育种目标，选择有利的变异植株进行培育，经过比较鉴定后获得新的品种。最常用的方式是恢复系×恢复系，也可用保持系×恢复系或不育系×恢复系等方式。它是将2个各具不同优良性状的品种进行杂交，在其后代中得以互补和

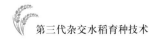

恢复基因累加，或者将恢复基因转移到优良的品种，以便培育成新的恢复系。

（2）多次杂交法

这种杂交方式可把多个品种优良的基因导入这个新品系，从而可能选育出新的恢复系。它是将3个及3个以上亲本的优良性状与恢复基因综合在一起，成为一个强优、多抗的恢复系。粳籼杂交是强优恢复系选育的重要途径。在选育强优恢复系时，可以选择偏籼型或偏粳型，以培育成籼型或粳型强优恢复系。

（3）诱变法选育恢复系

一般利用辐射引变方法，对改良已有恢复系的某个重要性状是很有成效的。如IR36辐，华联2号、5号、8号等多个早籼型水稻恢复系都是采用辐射引变方法育成的。

（五）优良配组的获取

要实现其最佳的杂交优势就必须进行强优组合的选配，而强优组合的选育关键就是亲本选配问题。多年实践证明：亲本的好差强弱直接影响强优杂交组合的成败。因此，在选择双亲时，应从遗传基础差异大、性状明显互补、农艺性状特优、有较强的配合力以及质优多抗等方面考虑。

1.利用遗传基础差异大的亲本进行选配强优组合

一般情况下，其双亲的遗传物质差异越大，所产生的杂种优势就越强。而双亲遗传物质的差异，可以是血缘上、地理上及生态类型上的差异。因此，采用杂交方法培育雄性不育系，一般都以种、亚种间或者地理远缘间进行杂交较为常用。

2.利用配合力好的亲本进行选配强优组合

配合力是指一个亲本与其他若干个品种（系）进行杂交时，能够遗传给子一代性状的平均表现。它是由亲本的基因型所决定的，并且跟它杂种优势的强弱有着直接关系。只有配合力好的亲本才有可能选配出较强优势的杂交水稻新组合。

3.利用性状能够明显互补的亲本进行选配强优组合

利用优良性状能够互补的亲本进行配组时，如果亲本之间在生育期、株型、抗性及结实率等方面有着比较大的差异，但只要这些差异能够互补，很可能会产生强大的杂种优势。

4. 利用农艺性状及品质优良的亲本进行选配强优组合

实践证明，杂交水稻产量的高低，是由双亲产量的平均值加上互作产生的杂种优势决定的，只有配组的双亲本都具备某些优良的农艺性状及品质，才有可能选配出农艺性状及品质较好的杂交优势新组合，从而达到高产稳产、多抗优质的目的。

1973年中国籼型三系杂交稻实现三系配套，同时推出"南优2号"和"汕优2号"等第一批强优势杂交稻组合，宣告中国三系杂交稻育种取得成功。迄今为止，生产上大面积推广的杂交水稻属于系法品种间杂种优势利用的范畴，当前还处于兴盛时期，近期内仍将起主导作用。据不完全统计，我国已育成多种细胞质源的多对不育系和保持系、多个恢复系。育种家们经过多年的实践探索，总结出了选配强优组合的基本原则，即杂交双亲间的遗传差距要大、性状可互补、配合力效应要好。依据这一原则，育种家们利用优良不育系和恢复系材料成功地选配了数百个强优组合。

第一代杂交水稻育种技术不仅是水稻育种史上转折性的重大技术突破，加快了水稻产业的发展，更促进了其他粮食作物育种技术的创新，加快了水稻产业的发展。第一代杂交水稻为社会创造了巨大的经济效益，随后该技术被广泛运用并逐步走向世界。1981年，袁隆平等发明的"籼型杂交水稻"技术获得我国首个国家发明特等奖。正是这项发明成功使我国水稻育种技术一跃而居世界领先地位，也是我国第一项出口到美国等国外的农业专利技术。三系法杂交水稻突破了杂种优势在自花授粉作物中运用的技术障碍，开辟了水稻大幅度增产的新途径。数据显示，自20世纪90年代以来，我国年种植杂交水稻面积达1 470万hm^2，占水稻总播种面积的50%～55%，单产水平比主要常规水稻良种提高了20%左右。第一代杂交水稻解决了当时中国十多亿人口吃不饱饭的问题，为中国乃至世界的粮食安全发挥了至关重要的作用。

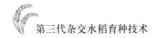

然而，三系法杂交水稻的不育性受细胞质和细胞核基因的共同控制，不仅不育系选育效率低，而且受恢保关系制约，配组不自由，双亲间遗传差异小，导致水稻杂种优势难以充分利用。这也是三系杂交水稻的面积和产量多年徘徊不前的重要原因。因此，在三系法基础上急需对杂交水稻育种技术进一步改进和完善。

二、第二代杂交水稻育种技术

（一）第二代杂交水稻的发展

两系法杂交水稻的研究始于1973年石明松发现的光敏核不育系农垦58S，他首次提出了选育一系两用的光周期敏感核不育系培育两系法杂交水稻的设想。光温敏核不育系在一定的光温条件下其花粉是可育的，通过这种可育性可繁殖种子；而在另一光温条件下其花粉是不育的，利用其不育性，与父本杂交可生产杂交种。两系不育系最大的优点是其不育性仅受细胞核基因控制，与细胞质无关，正常水稻品种均可成为其恢复系，因而能够自由配组。所以，两系法比三系法更容易培育出产量更高、抗性更好、品质更优的杂交水稻组合。

1987年，袁隆平提出杂交水稻从三系到两系再到一系的一种由繁到简的发展战略设想，从品种间到亚种间再到远缘种间发展的一种杂种优势越来越强的杂交水稻育种方向。随后，国内成功选育出培矮64S等多个实用型两用核不育系。1996年，两系法杂交水稻研究成功并开始进入推广和应用阶段，该技术成功突破了三系法"优而不早，早而不优"的瓶颈。生产实践证明，利用光温敏核不育系的两系法杂交水稻较三系法杂交水稻表现有以下优越性：

① 恢复谱广，配组自由，选配强优组合概率大。光温敏核不育系的不育性由隐性主效核基因控制，与细胞质无关，不需要特别的恢复基因，几乎所有同一亚种内的正常品种（97%左右）都能使其杂种一代育性恢复正常。

② 遗传行为简单，有利于培育多种类型的光温敏核不育系。由于光温敏核不育性由少数隐性主效核基因控制，与细胞质无关，核雄性不育基因的转育与稳定

较方便，有利于光温敏核不育系的多样化，避免了不育细胞质对某些经济性状的负效应和不育细胞质单一化的潜在危险。

③ 大大提高了不育系种子和两系杂种的纯度，降低种子生产成本。由于光温敏核不育系能"一系两用"，在不育系繁殖过程中没有保持系，因而避免了三系不育系极易出现的机械混杂保持系的现象。

④ 光温敏核不育基因与广亲和基因相结合，通常在籼型不育系或恢复系中渗入部分粳稻血缘，有利于育成两系亚种间强优势杂交水稻组合。

（二）两系不育系繁殖技术

1. 两系杂交稻繁殖制种技术原理

a. 不育系（S）$\xrightarrow{\otimes}$ 繁殖不育系

b. 不育系（S）× 恢复系（R）$\longrightarrow$ F₁杂种

恢复系（R）× 恢复系（R）$\longrightarrow$ 繁殖恢复系

2. 两系杂交稻繁殖制种技术流程（图2-2）

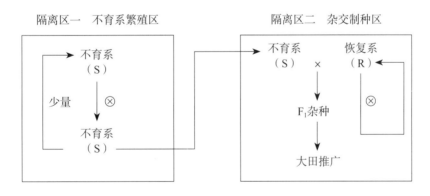

图2-2　两系杂交稻繁殖制种技术流程

3. 繁殖制种技术

（1）保持品种种性要点

① 除杂除劣，确保种子纯度。要求繁殖田隔离条件好，一般要求隔离距离500m以上，时间隔离20d以上。同时全程开展除杂除劣工作，在收、晒、加工、

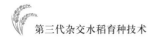

运输、储藏过程中严格操作，严防机械混杂。

②做好病虫防治和除杂保纯。制种田要求隔离距离200m以上，隔离时间15d以上，并在赶粉前将出现的杂株彻底除尽。严防收割、运输与储藏中的机械混杂。同时做好病虫防治，特别是对稻瘟病、纹枯病、稻曲病等病虫的防治。

（2）选择安全抽穗期

选择适宜的繁殖地点与季节。为满足温敏两系核不育系其育性转换敏感期对低温的需要，在青岛繁殖田，应具有低温冷水灌溉条件，5月初播种，始穗15d左右进行冷水灌溉，具体灌溉时间可剥检幼穗进度决定；在海南三亚繁殖田，在12月初播种，气温满足其对低温的需求，不需要冷水灌溉即可繁殖。

（3）强化栽培管理，创造高产苗穗群体

①精量用种，单本移栽。繁殖田每亩秧田播种量8～10kg，大田用种量每亩1.2～1.5kg。母本栽插密度13.3cm×16.5cm，每蔸插2粒谷苗；父本株距为23～26cm，行距为28cm，每蔸插2～3粒谷苗；父母本行比2：14。

②合理施肥，科学管水。中等肥力田每亩施40kg的45%复合肥作底肥，移栽后5～7d，每亩施用尿素12～15kg、磷肥20～25kg、钾肥7～8kg。进入幼穗分化期后每亩施10kg复合肥作穗粒肥，父本偏施；水分管理上采取移栽后当天不灌水，第二天灌水活蔸，以后间歇灌溉，幼穗分化开始保持较深水层，抽穗以后，干干湿湿至收割。

③适量喷施"九二〇"（赤霉素），搞好人工授粉。繁殖田在试验材料抽穗20%左右时，每亩喷施"九二〇"4～5g，促进穗颈伸长，减少包颈。正常气候条件下，制种田"九二〇"每亩用量为15g左右，分3次喷施：母本见穗10%时，每亩喷施3g；第二天每亩喷施4～5g；第三天每亩喷施7～8g。制种田根据父本对"九二〇"的敏感程度，给父本单独加喷2～4g。进行人工辅助授粉，即每天当父本开花散粉时开始赶粉，一般使用双竹竿推拍授粉，每隔25～30min授粉一次，每天授粉3～4次。

（三）第二代杂交稻育种成果

1. 品种间杂种育种

据"863计划"两系杂交稻中试示范+联合试验1999年的结果，两优培九比汕优63平均增产5.1%，每穗总粒数提高14.2%，因此两系杂交稻具有比三系杂交稻增产的潜力。郎有忠等研究高产两系组合的形态及产量形成特征，结果：高产两系组合剑叶较长，穗下节间长，基部节间短且茎壁较厚，叶片直立性好，群体中、下部透光性能好；干物质总积累量大，但茎鞘物质转运率小，总库容大，源库比较小；群体穗数少，穗粒数多，粒重小，结实率稍低（郎有忠，1995）。邓华凤等研究得出：高的灌浆速率应作为选择高产组合的依据之一，两段灌浆时间差越小越有利于提高籽粒结实率和充实度（邓华凤，2002）。李伟等认为，两系杂种一代糙米率的达标率最高，而整精米率的达标率最低，糙米率和整精米率均为独立性状，垩白粒率与米粒长度呈显著负相关，与垩白度及米粒宽度呈显著正相关，而米粒长与宽呈极显著正相关（李伟，2002）。

2. 亚种间杂种育种

水稻杂种优势的表现取决于双亲的遗传背景，双亲遗传距离越大，杂种优势越强，品种间亲本遗传距离狭窄极大制约了品种选育的进展。为了扩大育种亲本的遗传背景，选育优势更强的两系杂交稻组合，亚种间杂种优势的利用成为继品种间育种后的有效首选育种途径。杨建昌等研究得出（亚杂组合强）弱势粒的灌浆特征为明显的异步灌浆型。强势粒开始灌浆和达到最大灌浆速率的时间早，弱势粒在开花后相当长时间内生长处于停滞状态，待强势粒生长速率下降到十分微弱时才开始灌浆；灌浆期特别是灌浆初期籽粒库的生长活性低是亚种间杂交稻籽粒充实不良的重要原因（杨建昌，1998）。严钦泉等以籼粳程度不同的4个两用核不育系和11个优良父本品系为材料，研究亲本籼粳程度与配合力效应及杂种优势的关系，结果发现：亲本籼粳程度与杂种超亲优势和特殊配合力效应三者之间两两显著相关，而亲本籼粳程度、杂种超亲优势与双亲一般配合力总效应无相

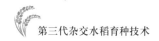

关性（严钦泉，2001）。赵步洪等研究两系杂交稻籽粒充实问题，结果表明，两系杂交稻在抽穗后的净光合速率和干物质积累量明显高于三系杂交稻。两系杂交稻在籽粒灌浆期间，水分胁迫能降低其光合作用，增加贮藏性碳从茎鞘向籽粒运输，加速籽粒充实茎鞘物质的输出率，与结实率、充实率、最大灌浆速率和平均灌浆速率呈显著的正相关（赵步洪，2004）。陈光辉等认为，两系亚种间杂种籽粒充实度与其父本、母本籽粒充实度和双亲平均籽粒充实度都呈极显著正相关，两系品种间杂种的籽粒充实度与其父本、母本籽粒充实度及双亲平均籽粒充实度亦呈显著或极显著正相关，说明要提高两系杂交稻籽粒充实度，选用充实度好的亲本配组很重要（陈光辉，2000）。杨振玉提出，采用籼粳架桥，亲缘渐渗，有利基因交换，亲本遗传改良，是籼粳亚种间杂种优势利用的主要方法。架桥制恢育种技术的作用在于，克服籼粳远缘杂交的遗传障碍，扩大籼粳亲缘，协调籼粳杂种生物优势与经济性状矛盾（杨振玉，1996）。张桂权等提出水稻特异亲和性，认为籼粳杂种的不育性由多个座位的基因控制，每个座位的基因只控制杂种不育性或亲和性总量中的一部分，籼粳亚种间杂种的不育性主要表现为雄性不育性；并提出通过选育和利用，粳型亲籼系能够达到克服籼粳亚种间杂种不育性的设想。易懋升利用分子标记辅助选择技术，对不同粳型亲籼系中不同分化度的特异亲和基因进行了聚合，并将4个抗白叶枯病基因和来源于IR24的两个恢复基因导入粳型亲籼系中。

杨守仁等提出理想株型与杂种利用理论。他认为理想株型是形态的增产理论，优势利用则是以机能为主的增产理论，二者有机结合才是水稻超高产育种的正确导向。Chen等认为利用籼粳稻亚种间杂交或地理远缘杂交创造新株型和强优势，再通过复交或回交优化性状组配是选育超高产品种的有效途径。袁隆平进一步提出超高产稻株的生物学模式，并认为利用野生稻有利基因和新株型超级稻是选育超高产组合的关键。

3. 超高产育种

运用两系法育种技术培育的两系法杂交水稻取得了巨大成功。我国分别于

2000年、2004年和2012年先后完成了超级杂交稻单产10.5、12.0、13.5t/hm²的育种目标。2009—2011年，我国年推广面积前10位的杂交稻品种中就有5个是两系杂交水稻，并且两系杂交水稻年推广面积连续3年位居前三。2012年，全国年推广面积前10位的杂交水稻品种中两系杂交水稻品种达到60%，成功超越了三系杂交水稻，此时，第二代杂交水稻已占全国杂交水稻种植总面积的1/3左右。2014年，两系法超级杂交稻Y两优900在湖南溆浦百亩连片示范中平均单产15.4t/hm²，实现了超级稻单产15.0t/hm²的育种目标。2013—2015年，我国南方稻区16省份推广和应用两系杂交稻总面积达1 333万hm²，总产量达到900亿kg，增产稻谷约50亿kg，增收近90亿元。另外，截至2012年，两系杂交稻在美国的推广面积占其水稻总面积的30%，单产增加20%。

（四）现有杂交水稻育种面临的问题

1. 三系法育种技术的缺点

当前，三系杂交稻存在的问题日趋显著，主要表现在以下几个方面：单产多年徘徊不前；缺乏强优的早稻早中熟组合；米质与抗性无突破性进展；三系杂交粳稻优势不强；不育细胞质较单一，存在某种毁灭性病虫害暴发的危险。相对于两系法而言，现有广亲和品种多数都不具有对不育系的保持性能，且农艺性状较差，需要对其进行改良，先选育广亲和保持系，再转育不育系，育种年限较长。三系法杂交制种比较烦琐，成本也比较高。三系法中用于配置杂交组合的亲本遗传资源匮乏，亲本间的遗传差异小，致使生产上的几个当家组合长盛不衰。王三良、程式华等对当前杂交水稻生产和育种上广泛使用的组合和材料进行血缘关系分析后均指出，用于配置杂交组合的亲本遗传基础狭窄，遗传差异小是当前组合在产量上得不到重大突破的重要原因。何光华和唐梅等采用DNA分子标记手段对杂交水稻亲本及组合的研究也得到相同的结论。由于育种中骨干亲本或核心种质的"遗传瓶颈"问题未能得到解决，我国的育种工作仍在爬坡，而且产量水平或品质改良工作一直处于平台期。虽然在"八五""九五"期间育种家们协作攻

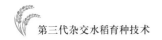
关，选育出了一批新组合，但1991—1997年6年间全国杂交中籼新组合联合区试的结果显示：在全国区试参试74个组合中，比对照汕优63增产的组合有12个，只占16.2%，增产幅度也不大；增产1.0%以下、1.1%～3.0%、3.10%～5.76%的组合各占1/3，抗病性、米质等重要农艺性状也无大的改观。这表明全国种植面积最大的三系杂交中籼稻虽然育成了一批产量增幅略胜于汕优63的新组合，但其抗性、米质均无大的起色。

2. 两系法存在的问题

与第一代杂交水稻相比，第二代杂交水稻进一步推动了杂交水稻的发展，扩大了我国农业科学技术的国际影响力，巩固了我国杂交水稻在国际上的领先地位，促进了我国农业生产和经济的发展。然而，两系法杂交水稻也存在着明显的不足，其光温敏不育系的育性不仅受遗传基因控制，还受光温等生态因子的调控。尤其是，影响其育性表达的临界温度（不育起点温度）是数量性状，受微效多基因控制，随着繁殖世代的增加不育系的临界温度可能发生漂变，从而影响其实用性，甚至使其实用性完全丧失。众所周知，自然界的天气尤其是温度，变化多端，且年际变化也很大，易导致光温敏不育系育性的波动，影响两系法杂交水稻繁殖或制种的安全性，给两系杂交水稻的生产带来严重隐患。如长江中下游地区要求安全的育性转换温度≤23.1℃，而一般籼稻生殖临界致害温度为20℃，因此适宜不育系种子繁殖的安全临界温度范围过窄。另外，不育系的育性转育起点温度随繁殖世代的增加及高温敏个体数的增加而上升，增加了两系法制种的风险，采用核心种子生产技术［两用核不育系自交种的提纯和原种生产程序，单株选择→低温或长日低温处理→再生留种（核心种子）→原原种→原种制种］可部分解决此问题，但对于大规模的生产用种则力所难及。由于生殖隔离等障碍的存在，目前的两用不育系或恢复系只能渗入部分的粳稻血缘，籼粳种间杂种优势的利用还是很有限的。因此，进一步深入研究解决第二代杂交水稻光温敏核不育系繁殖制种风险问题，是加速杂交稻发展的关键所在。

3. 杂交配组亲本的匮乏

用于配制杂交组合的亲本资源匮乏，亲本间的遗传差异小，新组合优势较小。特别是杂交粳稻，在我国的产量优势在实际应用中仅为10%左右，不如杂交籼稻的杂和优势强。粳型三系不育系均由BT型资源与主栽粳稻品种培育而成，在粳稻中很难找到恢复系，典型籼粳间的遗传障碍又导致不能直接利用籼稻的恢复基因，因此须通过"籼粳架桥"技术获得中间材料，但是这种"籼粳架桥"技术获得的中间材料，其籼粳成分必须适度，籼型成分过多不能适应北方的生态条件，籼型成分过少又不能扩大双亲间的遗传差距而扩大杂种优势。因此，尽管籼粳亚种间杂种优势十分突出，具有巨大的增产潜力，但生产上运用粳稻不育系所配杂种的优势利用实际上是部分亚种间杂种优势利用。杂交粳稻优势不强的另一个原因是亲本之间遗传基础缺乏多样性，一旦通过"籼粳架桥"技术获得中间材料即被广泛地用来转育成新的恢复系。据估计，20世纪末国内应用的粳稻恢复系60%含有C57的亲缘，这是广泛转育的结果。有学者对北方杂交粳稻骨干亲本遗传差异进行SSR标记检测，结果23个骨干亲本中有16个被聚于同一组内，约占70%，北方杂交粳稻亲本间的遗传基础比较狭窄。

杂交水稻品质育种见效甚微，主要原因是缺少优质育种材料，使得现有大面积推广的杂交稻组合除少数几个外，绝大部分组合的米质不理想，从而造成了我国大量的劣质米不受市场欢迎、国外优质大米占领我国高端消费市场的局面。

4. 杂交粳稻制种纯度和产量问题

中国杂交粳稻应用最广的三系不育系均属于BT型不育系，都是利用各生态稻作区的常规粳稻转育而成的。这种直接转育成的不育系开颖角度小，柱头外露率几乎为零，异交结实率低，加之细胞质的负效应导致不育系开花时间比保持系明显延迟，造成父母本花期不同步，导致杂交粳稻制种产量低，不育系繁殖困难，严重制约了杂交粳稻的推广应用。杂交制种纯度是影响杂交粳稻生产的另一重要因素。BT型不育系的育性易受环境条件的影响，南方稻作区的高温容易使这类不育系的花药开裂、散粉而导致自交结实。另外，杂交粳稻的种子生产部门没有建

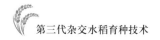
立一个提纯、制种、繁殖的专业生产体系，这也是杂交粳稻种子纯度低的一个重要原因。

三、发展趋势

科技在不断发展，水稻还有很多的产量潜力可以挖掘，经过2004年、2005年2届中国杂交粳稻科技创新研讨会的深入交流和讨论，杂交粳稻快速发展的时机已经成熟。在杂种优势、品质、抗性以及适应性问题上已经实现了关键技术的突破，杂交粳稻的发展不存在重大技术障碍。通过增加投入，联合攻关，加强基础理论研究，选育精品组合，加强制种技术研究，扶持龙头种业公司，促进杂交粳稻种子产业化等措施，将会对杂交粳稻的推广种植起到推进作用，为我国粮食增产做出贡献。

参考文献

曹立勇，占小登，庄杰云，等，2003. 水稻产量性状的QTL定位与上位性分析［J］. 中国农业科学（11）：1241-1247.

陈光辉，官春云，陈立云，2000. 两系杂交稻籽粒充实度亲子相关研究［J］. 杂交水稻，15（4）：38-39.

高一枝，1991. 水稻短光敏雄性不育材料的发现与研究初报［J］. 宜春农专学报，7（1）：1-5.

郎有忠，2002. 两个高产两系杂交稻组合形态与产量形成特征的研究［J］. 杂交水稻，17（4）：49-52.

李任华，徐才国，1999. 有利基因与有利的基因互作能够提高籼粳杂种育性［J］. 遗传学报，26（3）：228-238.

李伟，郭建夫，张建中，2002. 籼型两系杂交稻稻米品质性状的研究［J］. 湛江海洋大学学报，22（4）：56-61.

李新奇，袁隆平，邓启云，等，2003. 在杂交作物分子育种中利用普通核雄性不育的几个可能途径［J］.植物学通报，20（5）：625-631.

孟凡荣，孙其信，倪中福，等，2002.小麦杂交和自交种子发育前期MADS-box和SerP
　　Thr两类家族基因差异表达与杂种优势［J］.农业生物技术学报，10（3）：220-226.

孟卫东，王效宁，2001.两系杂交稻短光敏核不育材料E5-2育性稳定性研究初报［J］.武
　　汉：武汉大学出版社，255-259.

牟同敏，卢兴桂，李春海，等，1996.实用籼型水稻光温敏不育系的选育与利用研究
　　［J］.海南农业科技（1）：1-6.

王勇，2002.Cre/oxP定位重组系统在植物雄不育和杂种优势中的利用研究［J］.哈尔滨：
　　东北农业大学硕士学位论文.

严钦泉，阳菊华，伏军，等，2001.两系杂交稻亲本籼粳程度与配合力及杂种优势的关系
　　［J］.湖南农业大学学报（自然科学版），27（3）：163-166.

杨建昌，苏宝林，1998.亚种间杂交稻籽粒灌浆特性及其生理的研究［J］.中国农业科
　　学，31（1）：7-14.

杨建昌，朱庆森，1998.亚种间杂交稻籽粒充实不良的一些生理机制［J］.西南农业学报
　　（3）：31-36.

杨振玉，高勇，赵迎春，等，1996.水稻籼粳亚种间杂种优势利用研究进展［J］.作物学
　　报，22（4）：422-429.

袁隆平，2008.超级杂交水稻育种研究的进展［J］.中国稻米（1）：1-3.

袁隆平，2010.一种业竞争时代的科技创新——超级杂交水稻育种研究新进展［J］.中国
　　农村科技（2）：22-25.

曾汉来，张自国，卢兴桂，等，1995.W6154S类型水稻在光敏温敏分类问题上的商讨
　　［J］.华中农业大学学报（2）：105-110.

赵步洪，奚岭林，杨建昌，等，2004.两系杂交稻茎鞘物质运转与籽粒充实特性研究
　　［J］.西北农林科技大学学报（自然科学版），32（10）：9-14.

赵步洪，杨建昌，朱庆森，等，2004.水分胁迫对两系杂交稻籽粒充实的影响［J］.扬州
　　大学学报（农业与生命科学版），25（2）：11-16.

郑华，屠乃美，2002.两系杂交稻籽粒灌浆特性及与茎鞘物质运转的关系［J］.湖南农业
　　大学学报（自然科学版），28（4）：274-278.

朱英国，杨代常，1992.光周期敏感核不育水稻研究与利用.武汉：武汉大学出版社，

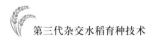
29-32.

"863计划"中试开发项目：两系法杂交水稻新组合试验试种和示范，2000. 1999年汇总报告. "863计划"课题交流年会：5-18.

Fabijanski S F，Arnison P G，Albani D M，et al，2001. Molecular methods of hybrid seed production. The United States of America：2-0.

Hong F，Attia K，Wei C，et al，2007. Overexpression of the rFCA RNA recognition motif affects morphologies modifications in rice（Oryza sativa L.）.［J］. Biosci Rep，27（4-5）：225-234.

Bruce A B，1910. The mendelian theory of heredity and the augmentation of vigor. Science，32：627-628.

Cedar H，1988. DNA methylation and gene activity. Cell，53（1）：3-4.

Wen C，2001. Creation of New Plant Type and Breeding Rice for Super High Yield. acta agro nomica sinica，27（5）：665-672.

Guo M，2004. Allelic variation of gene expression in maize hybrids. Plant Cell，16：1707-1716.

Hepburn P A，Margison G P，Tisdale M J，1991. Enzymatic methylation of cytosine in DNA is prevented by adjacent 06~methylguan ineresidues. The Journal of Biological Chemistry，266（13）：7985-7987.

Jones D F，1917. Dominance of linked factors as a means of accounting for heterosis. Proc Nati Acad Sci USA，3（4）：310-312.

Li Z K，Lou L J，Mei HW，2001. Over dominant epistatic loci are the primary genetic basis of inbreeding depression and heterosis in rice. Biomass and grain yield. Genetics，158：1737-1753.

Matz M V，Fradkov A F，Labas Y A，et al，1999. Fluorescent proteinsfrom nonbioluminescent Anthozoa species. Nature Biotechnology，17（10）：969-973.

Nakamura S，Hosaka K，2010. DNA methylation in diploid inbred lines of potatoes and its possible role in the regulation of heterosis. Theor Appl Genel，120（2）：205-214.

Perez Prat E，2002. Hybrid seed production and the challenge of propagating male-sterile plants. Trends in Plant Science，7（5）：199-203.

Ruiz O N，Deniell H，2005. Engineering cytoplasmic male sterility via the chloroplast genome by expression of β -ketothiolase. Plant Physiology，138（3）：1232－1246.

Stupar R M，Springer N M，2006. Cis-transcriptional variation in maize in bred lines B 73and Mo17 leads to additive expression patterns in the F1 hybrid. Genetics，173（4）：2199－2210.

Sun Q X，Ni Z F，Liu Z Y，1999. Different gene expression between wheat hybrids and parental in breds in seedling leaves. Euphytica，106：117－123.

Tsaftairs A S，1995. Molecular aspects of heterosis in plants［J］. Physiol Plant，94：362－370.

Tsaftaris A S，1990. Bio-chemical analyses of in breds and their heterotic hybrids in maize. Progress in Clinical and Biological Research，344：639－664.

Williams M，Leemans J，1999. Maintenance of male-sterile plants. United States Patent，5977433：11－02.

Woll K，2003. Zm Grp3：Identification of an ovel-marker for root initiation in maize and development of a robust assay to quantify allele-specific contribution to gene expression in hybrids. Theor Appl Genet，113：1305－1315.

Xiong L Z，Xu C G，Maroof M A S，et al，1999. Patterns of cytosine methylation in an elite rice hybrid and its parental lines detected by amethylation sensive amplification polymorphism technique. Mol Gen Genet，261：439－446.

Xiong L Z，Yang G P，Xu C G，et al，1998. Relationship of differential gene expression in leaves with heterosis and heterozy gosity in a rice diallel cross. Molecular Breeding，4：129－136.

Yu S B，Li J X，Xu C G，et al，1997. Importance of epistasis as the genetic basis of heterosis in an elite rice hybrid. Proc Natl Acad Sci USA，94（17）：9226－9231.

第三章　第三代杂交水稻的创制

第一节　植物雄性不育

从分化成雄蕊原基开始到产生有功能的成熟花粉粒这段时期，植物花器官会在生理生化、形态等方面发生一系列变化，若任何因素阻碍了这一变化过程，导致雄性生殖器官发育异常（如花药、花粉或雄配子体无正常功能），而其营养生长及雌性生殖器官发育正常，这种现象在生物学上称为雄性不育（male sterility，MS）。植物MS是高等开花植物中一种普遍存在的现象。Kolreuter于1763年在杂交植物中首次观察到花药败育，发现MS现象，100多年后Coleman首次提出了雄性不育的概念。Kaul统计大量研究成果后发现有43个科162个属671例植物由于种间或种内杂交产生了MS现象，其中经济作物中禾本科、茄科、豆科和十字花科等MS尤其引人重视。植物雄性不育现象的产生是一个复杂的过程，它由许多因素导致，因此根据不同划分标准分成了不同的类型。

一、植物雄性不育的分类

雄性不育的分类方式有很多种，最常见的也最为人们普遍认识的是根据不育基因的遗传方式和细胞中的定位将其分为细胞核雄性不育、细胞质雄性不育及核质互作雄性不育。刘龙龙、张丽君、范银燕等认为这些雄性不育的材料都是十分珍贵的种质资源，对植物新品种的培育、提高育种效率具有极其重要的作用。细胞核雄性不育是由核基因控制的，分为显性核不育和隐性核不育两种。进一步根据对光温的反应又可以将植物雄性不育分为与光温无关的雄性不育和光温敏雄性不育。细胞质雄性不育则是由细胞质基因控制的，表现为母体遗传。以导致雄性败育时期及导致雄性不育是孢子体还是配子体的不同可分为配子体不育和孢子体不育。从遗传方式和败育时期等方面对雄性不育只是简单的分类，实际上控制小孢子形成通路上的任何代谢相关的基因变异都会导致雄性不育，许多环境因素的改变也会影响育性，例如光、温度等条件的改变对于育性有显著的影响（马晓娣，2012）。近年来，对植物雄性不育的相关基因和分子机理的研究是植物分子生物学的热点之一，并已有多项重要发现，促进了植物雄性不育的深入研究。基于这些研究结果，可将导致雄性不育的基因和分子机理分为以下几类：减数分裂异常导致的雄性不育、胼胝质代谢异常导致的雄性不育、绒毡层发育异常导致的雄性不育、花粉壁发育异常导致的雄性不育、花药开裂异常导致的雄性不育以及其他类型的雄性不育。

减数分裂异常导致雄性不育的主要原因是花粉母细胞过量和发育停止、染色体联会异常、染色体浓缩不规则、同源染色体过早分离、迟滞染色体和染色体桥、花粉液泡化等；胼胝质代谢异常导致雄性不育的主要原因是胼胝质壁不适时地合成与分解；绒毡层发育异常导致雄性不育的主要原因是绒毡层形成与分化异常，绒毡层缺失、延迟或提前降解、非程序化死亡、液泡化、分泌物异常等；花粉壁发育异常导致雄性不育的主要原因是花粉壁过薄、孢粉素和含油层发育缺陷、外壁物质运输和积累异常、次生壁完全停止发育等；花药开裂异常导致雄性不育的主要原因是花药形态建成缺陷、小孢子发生分化缺陷、花药迟开裂和不开裂等；其他不育的原因主要有花粉发育后期以及花粉萌发期缺陷、花药中造孢细胞和体细胞的不平衡、细胞间信号转导异常等。

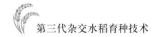

（一）减数分裂异常导致的雄性不育

开花植物必须通过减数分裂产生单倍体的配子体，才能进行有性生殖（Dawe R.，1998）。亲本生殖细胞染色体经过一次复制、两次分裂产生单倍体细胞。减数分裂Ⅰ前期同源染色体浓缩并相互识别，其过程进一步分成5个亚时期，依次为细线期、偶线期、粗线期、双线期和终变期（Chen C. B.，2005）。在此过程中，一系列基因在时空上按照极为精确的顺序，不断地启动关闭，相互协调，最终完成减数分裂。减数分裂时期是对各种干扰非常敏感的发育阶段，此过程中任何一个基因发生突变都有可能影响减数分裂形成的配子的染色体数目及育性，而植物中大多数雄性不育突变都发生在减数分裂开始或减数分裂结束的某个时期（Bhatia A.，2001）。

1. 花粉母细胞染色体联会异常

在水稻的雄性不育研究中，Nonomura等（2004，2006）发现PAIR（pairing aberration in rice）系列基因均与减数分裂的同源染色体配对有关。其中，*PAIR*1控制水稻性母细胞同源染色体配对和胞质分裂。*TOS*17转座子插入该基因产生了染色体配对异常的*PAIR*1突变体，在其前期Ⅰ的性母细胞中，染色体缠卷成球形并粘在核仁上而不能形成正常形态及配对，在后期Ⅰ和末期Ⅰ染色体不能分离且纺锤体退化，形成多个染色体数不均的小孢子，导致小孢子完全不发育。*TOS*17转座子插入该基因产生的*PAIR*2突变体性母细胞中，染色体不能正常联会，在粗线期和双线期只能看到24个不配对的单价体。W. Yuan等（2009）发现*PAIR*3也控制着水稻同源染色体的配对及联会，其编码一个含有螺旋结构域的蛋白，优先在花粉母细胞和减数分裂中的卵细胞中表达。W207-2是粳稻品种日本晴的雄性半不育突变体，Zhou S. R.等（2011）研究发现W207-2的雄性不育性受控于一对隐性核基因*pss*1（pollen semi-sterility1）。突变体*pss*1的表达影响了减数分裂同源染色体分离和花药的开裂，导致了花粉的半不育性。当*pss*1马达结构域中第289位保守的氨基酸Arg被替换成His后，蛋白受微管影响的ATPase活性丧失，在雄性减数分裂活期Ⅰ和后期Ⅱ时，形成迟滞染色体和染色体桥，导致了花粉的半不育性。这表明 pss1 对水稻花粉母细胞减数分裂的染色体动力学、雄配子形成以及花粉囊开裂有着十分重要的意义。

有丝分裂和减数分裂染色体的运动依赖于染色单体通过着丝粒的结合。这一结合由一个四亚基结构来调节，REC8是它的一个重要组成部分。OSREC8突变体中，性母细胞染色体同源配对和端粒异常，减数分裂前期Ⅰ着丝粒完全结合，并于第一次减数分裂向两极定向运动，从而导致姐妹染色单体的过早分离，形成雄性不育（Shao T，2011）。BUB1（Bub-related kinase1）是一个丝氨酸/苏氨酸蛋白激酶，它是纺锤体组装监控机制中的上游蛋白，可以召集其他监控蛋白定位到着丝粒上。Wang M. 等（2012）在水稻中克隆了植物的收割 Bub1 同源基因 BRK1（Bub-related kinase1）。brk1 突变体营养生长正常，而在生殖生长的减数分裂中期Ⅰ着丝粒和纺锤丝随机的merotelic连接方式不能被及时修正（例如一个着丝粒同时受到来自相反方向的纺锤丝牵引），从而使同源染色体着丝粒间的拉力异常以及纺锤体形态异常，造成减数分裂后期Ⅰ姊妹染色单体分离不同步，导致完全不育。蔺兴武（2005）发现甘蓝型油菜与诸葛菜、芥菜型油菜与诸葛菜属间杂交后代存在减数分裂中期Ⅰ和后期Ⅰ染色体落后，后期Ⅰ染色体有多种分离类型和微核产生等异常现象。

2. 花粉母细胞减数分裂停止

Hong L. L. 等（2012）通过研究水稻 MIL（micros-poreless1）基因，发现小孢子母细胞中减数分裂的启动由花药特有的机制调控。MIL1 编码一个CC型谷氧还蛋白，它能与TGA转录因子互作。MIL1 突变体花药造孢细胞和周围体细胞减数分裂不能启动，导致花药小室充满体细胞而不是小孢子，但大孢子发育正常。此外，MIL1 和 MSP1 双突变体的研究显示，由于 MIL1 基因的缺乏，花药小室内的细胞同样不能被激活进入减数分裂期。Nonomura等（2003）对水稻中 MSP1 的研究发现，MSP1 突变体植株产生过多的雌雄孢子母细胞，且形成的花药壁结构紊乱，绒毡层完全消失，花粉母细胞发育停滞在减数分裂前期Ⅰ的各个阶段，不能

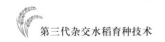

完成减数分裂而导致雄性不育。原位杂交试验表明，基因在雌雄孢子母细胞周围的细胞中以及一些花器官组织中表达，但在孢子母细胞中并不表达。这说明MSP1控制着水稻雌雄孢子的数量和花药壁的形成。

（二）胼胝质代谢异常导致的雄性不育

减数分裂之前，正常的野生型花药其花粉母细胞外围会合成一种由胼胝质构成的细胞壁。减数分裂开始后，胼胝质沉积增厚，并在形成四分体时达到最厚，从而形成完整的胼胝质壁。减数分裂完成后，开始形成小孢子外壁，绒毡层细胞中的粗面内质网堆叠并分泌胼胝质酶，胼胝质开始降解，并将小孢子释放到花粉囊腔中（Stieglitz H.，1977）。在这一过程中，无论是胼胝质合成、积累抑或是降解，任何一个环节出现异常都将影响减数分裂的进行和完成，从而影响植物的育性。植物β-1，3-葡聚糖酶参与植物的防御和发育，OSG1是水稻14个编码β-1，3-葡聚糖酶的基因之一。Wan L. 等（2011）构建了RNAi载体，使OSG1基因沉默。OSG1-R1植株花粉母细胞表现正常，但在小孢子早期阶段，药室中小孢子周围的胼胝质不降解，导致小孢子释放到药室的过程被延迟。该结果证明OSG1对四分体解离过程中的胼胝质适时降解是必要的。

（三）绒毡层发育异常导致的雄性不育

植物的花粉囊壁在发育初期从外到内依次是表皮、药室内壁、中层和绒毡层4层细胞。最内层的绒毡层包裹着小孢子母细胞，并与其发育有直接关系。绒毡层细胞包含丰富的内质网、高尔基体、线粒体等细胞器，这些细胞器向花药内室分泌大量的碳水化合物、蛋白质和脂类等，提供胼胝质降解所需的酶类，以及花粉壁的构建和小孢子的发育所需的营养（Bedinger P.，1992；Pacini E.，1993）。绒毡层对花粉的生长发育至关重要：在花粉发育早期，绒毡层包被着花粉囊；花粉发育中、晚期，绒毡层降解，提供花粉发育所需的营养；花药成熟时，绒毡层彻底降解。任何影响绒毡层发育的突变都可能导致花粉的败育（周时荣，

2009）。Nonomura 等（2003）通过研究水稻*MSP*1突变体发现，突变体花药壁的细胞层结构异常，绒毡层完全缺失。原位杂交结果显示，*MSP*1的表达定位于雌雄孢子母细胞周围的细胞中和一些花组织中，而不在孢子母细胞中。这一结果表明水稻中的MSP1可能在限制进入孢子发育的细胞数量和启动花药壁的建成方面起重要作用。Jung K. H.等（2005）的研究表明，水稻*Udt*1基因在绒毡层发育早期起着关键作用，它的缺失会使次级壁细胞不能正常分化成为成熟的额绒毡层细胞，且会影响孢子母细胞减数分裂。T—DNA或者*TOS*17转座子插入*Udt*1基因可导致完全雄性不育。在*Udt*1突变体中，花药壁细胞和性母细胞在减数分裂的早期阶段是正常的，但在减数分裂过程中，绒毡层不能分化并且液泡化，小孢子发育受阻，花粉囊内无法形成花粉。Papini A.等（1999）发现绒毡层细胞降解是一个细胞程序化死亡过程，其细胞降解残留物对于花粉的发育是必需的。绒毡层的特异分化及其降解速度与花粉的后期发育密切相关，它的提前或延迟降解都将导致雄性不育。Li N.等（2006）发现了*TDR*（tapetum degeneration retardation）基因，在绒毡层细胞程序化死亡过程中起正调控因子的作用。*TDR*突变体的绒毡层、中层因不能及时降解，而造成程序化死亡延迟，减数分裂形成的小孢子在释放后即被降解，导致完全雄性不育。这表明*TDR*基因是水稻绒毡层发育和退化降解分子调节网络的重要组成部分。

（四）花粉壁发育异常导致的雄性不育

正常花粉的花粉壁包括外壁和内壁。花粉内壁在结构上相对简单，主要由纤维素、果胶和蛋白组成；外壁主要由脂肪族聚合物孢粉素组成，表面有特异的高度修饰，在授粉和花药萌发中起着信号识别的作用（Ma H.，2005）。花粉壁正常的结构域组成是可育花粉所必需的。

Li H.等（2010）发现一个水稻雄性不育突变体*CYP704B2*，其孢子体绒毡层肿胀，败育花粉粒中检测不到外壁，且其花药表皮发育不完全。化学组成分析显示，突变体花药中几乎没有角质单体。这些缺陷是由于细胞色素P450家族基因

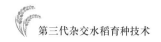

*CYP704B2*的突变引起的。*CYP704B2*在酵母中的异源表达说明*CYP704B2*催化了Ω羟化脂肪酸的产生。脂肪酸Ω羟基化途径依赖于*CYP704B*家族基因，所以它对植株雄性生殖和孢子发育过程中角质和外壁的建成是必不可少的。蜡质在防止水分损失、病原菌入侵及适应环境胁迫等方面有重要意义。Zhang D. S.等（2008）就水稻绒毡层延迟降解基因*TDR*在花粉发育中对脂类代谢调控所起的作用进行研究。发现在*TDR*突变体中，花粉壁结构、花药的脂类组成、一些可能涉及脂类孢粉素运输和新陈代谢的基因都产生了很大改变。*TDR*除了促进绒毡层细胞程序性死亡，还在水稻花粉发育的各个基础生物进程中扮演着重要的调控角色。可见，不管是孢粉素的合成运输还是沉积都影响着外壁的形态构成。*WDA1*（wax-deficient anther）参与水稻花粉壁角质和蜡质的形成，是花粉发育所必需的。蜡质缺陷的突变体*WDA1*，其花药所有药室壁细胞的超长链脂肪酸合成都出现明显缺陷，花药壁外层的角质蜡层缺失，小孢子的发育迟缓，最终导致花粉外壁的形成异常。*WDA1*在花药表层细胞强表达，且在开花期高丰度表达，其表达下调将导致雄性不育。与其他外壁脂质分子有缺陷的雄性不育突变体相比，*WDA1*突变体绒毡层的发育缺陷出现得更早（Jung K. H.，2006）。Zhang D.等（2010）发现*OSC6*在水稻减数分裂后花药和花粉壁发育过程中起重要作用。*OSC6*是LTP1和LTP2家族成员（LTP2是小分子富脂类转运蛋白，存在于细胞膜间转运脂类），其重组体具有油脂结合活性，在*OSC6*沉默的植株中，微粒体和花粉外壁均有缺陷，从而导致育性降低。

值得注意的是，这些调控小孢子外壁或内壁发育的基因的突变体，绒毡层发育大都不正常。换句话说，这些导致绒毡层发育异常的基因也会影响小孢子外壁或内壁的发育，二者紧密相关（Sanders P.，1999）。

（五）花药开裂异常导致的雄性不育

授粉受精过程的完成需要花药的适时开裂，使成熟的花粉从花药中释放出来，而花药开裂则需要隔膜和裂孔的降解。水稻和谷子等自花授粉作物，花药开裂始于中层和绒毡层的降解，接着药室内壁细胞膨大，药室内壁与连接层细胞发生纤维状沉积，到后期药室间的隔膜层降解，产生一个双药室的花药，最后连接2个药室的细胞降解，使花药开裂（Sanders P.，1999）。正常授粉需要花药能适时开裂以在合适的时期释放出成熟花粉，花药迟开裂、不开裂都会对育性造成影响。Zhu Q. H.等（2004）和Sun Y. J. 等用一个转座子插入构建了一个水稻突变体*AID*1，该突变体部分小花显示出完全的雄性不育。基于花粉粒育性和花药开裂程度可把突变体小花分为3类：育性正常（20%）、淀粉积累缺陷导致的雄性不育（25%）、花粉粒可育但花药不开裂或迟开裂导致不育（55%）。*AID*1在野生型的花和叶中都有表达，但在突变体中不表达。茉莉酸（*JA*）参与花药开裂调控的过程是花药开裂研究中一个重要发现。在拟南芥和水稻中花药开裂异常的突变体，其*JA*合成或信号转导大多也会出现异常，表明*JA*在花药开裂中起着关键性作用。

（六）其他类型的细胞核雄性不育

从最初的花形态建成到花药开裂释放花粉是一个复杂多变的过程，除前述的减数分裂、胼胝质壁、绒毡层代谢、花药开裂等异常情况外，还包括多糖、脂类和蛋白代谢的异常，其中任何一个环节发生异变都有可能导致雄性不育。Kaneko M.等（2004）从许多TOS17转座子插入的水稻突变体中分离得到一个该基因功能缺失型突变体。用GA诱导该突变体，其胚乳中没有α淀粉酶的表达，这显示了TOS17插入具有*OSGAMYB*敲除功能。该突变体营养生长阶段正常，然而生殖生长阶段花器官尤其是花粉发育异常。*GAMYB*影响糊粉层和花药发育过程中α淀粉酶的表达，在糊粉细胞、花序顶端、雌蕊原基、绒毡层细胞中有高表达，在营养生长的器官和伸长茎中低表达。这说明*GAMYB*不仅对糊粉粒中的α淀粉酶敏感，对于花器官和花粉的发育也是非常重要的。Sun Y. J.等（2007）发现受体蛋白激酶BAM1和BAM2调控着花药早期细胞的分裂和分化，二者形成一个正负反馈调节循环，控制了花药中造孢细胞和体细胞的平衡。同时*DYT*1基因编码一个bHLH家族转录因子，它联系着上游调控因子和下游目的基因，这对绒毡层

发育及其功能是至关重要的。Hong L. L.等（2010）发现ELE（elongated empty glume）基因调控着水稻护颖的发育，ELE突变体的护颖变得与外稃相似，它的影响还会产生异常的内外稃、浆片、雄蕊和柱头，从而产生不育。开花植物发育过程中糖分的分配在分子水平是如何调控的仍然未知。Zhang H.等（2010）报告了一个水稻突变体CSA的特点，csa突变体叶片和茎秆中的糖含量增加，从而减少糖分和淀粉在花器官中的分配，尤其是发育后期，花药库组织中的糖分积累减少甚至出现饥饿。图位克隆显示，CSA基因编码一个R2R3 MYB转录因子，在花药绒毡层细胞和糖分运输微管组织中优先表达，它与一个单糖转运蛋白的MST8启动子相关联。而在csa突变体中，MST8的表达大大减少。研究证明，CSA是水稻雄性生殖发育过程中参与糖分配的一个关键的转录调控基因。

光温敏细胞核雄性不育是环境条件改变导致的雄性不育，利用光敏核不育和温敏核不育系的两系法杂交水稻已广泛应用于农业生产。Zhou H.等（2012）克隆了农垦58中的光敏雄性不育基因P/TMS12-1，粳稻农垦58和籼稻培矮64S均存在该不育基因。野生型等位基因P/TMS12-1的2.4kb的DNA片段可以恢复NK58S和PA64S的花粉育性。P/TMS12-1编码一个不翻译的RNA，它可以产生一个含有21个核苷酸的小RNA OSA-SMR5864W。而P/TMS12-1中有一个CG置换存在于小RNA中，命名为OSA-SMR5864M。P/TMS12-1的375bp序列在转基因农垦58和培矮64植株中超表达，同时产生正常小RNAOSA-SMR5864W并使花粉恢复育性。结果显示P/TMS12-1的点突变导致OSA-SMR5864W的功能缺失，进而分别导致了粳稻光敏和籼稻温敏。因此，这个非编码的小RNA是由基因和环境共同控制的雄性发育的重要调控序列。Ding J. H.等（2012）在水稻光敏雄性不育材料农垦58突变体58S中发现一个长度为1 236bp的非编码RNA（lncRNA），并称之为长日照雄性不育相关RNA（LDMAR），它调节水稻的光敏雄性不育，足够剂量的LDMAR转录物对长日照条件下植株花粉发育是必需的。该lncRNA突变产生的SNP导致了LDMAR二级结构的改变，使LDMAR启动区甲基化，从而使长日照下LDMAR的转录减少，最终导致花药过早地程序化死亡，产生光敏型雄性不育。

事实上这两项研究克隆的是同一个基因，突变的SNP也完全相同。很多真核生物基因组序列可转录成长链非编码RNA（*lnc*RNAs），然而，目前只有一小部分*lnc*RNAs的潜在功能被发现，该雄性不育*lnc*RNAs的发现更促进了人们对该类基因的认识，也说明对*lnc*RNAs的研究还需更加努力。

从观察到雄性不育的分类和遗传研究，再到雄性不育的分子机理分析，是一个逐步深入的过程，这不仅有助于丰富植物生殖基础知识，更有助于雄性不育系的培育和杂种优势利用，提高作物产量。目前从模式植物克隆的很多雄性不育相关基因在其他物种中都有同源基因，这说明植物的花粉发育过程是相对保守的，这些基因在不同物种中可能有相同或相似的作用，这无疑将有利于我们对植物雄性不育机理的认识。同时，由于多种原因均可导致雄性不育，新的雄性不育基因在不断发现，有关研究必将进一步提升我们对雄性不育的认识，也促进雄性不育系的培育和育种利用。从目前的研究结果来看，多数研究是发现了雄性不育，首先进行遗传和基因定位与克隆，然后进行的多数是细胞学表现比较观察，实际上这些细胞学表现是一系列分子过程和网络调控的结果，只不过比雄性不育这个最终的表现型结果更深入，是基因变异在不同表现型水平上的结果。鉴于目前的研究水平和试验能力，我们还不能较为清楚地认识和了解这个过程中的分子机理，加强有关方面的生化研究有助于我们对这些分子过程和机理的认识。

二、细胞质雄性不育和核质互作不育

（一）细胞质雄性不育

细胞质雄性不育（cytoplasmic male sterility，CMS）是广泛存在于高等植物中的一种自然现象，表现为母体遗传、花粉败育和雌蕊正常，可被显性核恢复基因恢复育性。迄今已在150多种植物中发现了CMS。利用CMS培育不育系进行杂交制种，已成为国际制种业的主要趋势，其可免去人工去雄，节省大量的人力物力，并可提高杂交种子的纯度，增加农作物的产量。但在实际的选育过程中经常

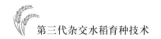
会遇到所选的不育系胞质单一、配合力低及不育性不稳等问题，而这些问题的解决又缺少足够的理论依据。同时它又是研究核质互作的理想材料。因此，长期以来人们对其不育机制的探讨从未停止过。

1. 细胞质遗传的发现

在孟德尔定律被重新发现后的1909年，德国植物学家Correns和Baur分别在紫茉莉（*Mirabilis jalapa. L.*）和天竺葵（*Pelargonium hortorum*）中发现叶色的遗传不符合孟德尔定律，而表现为细胞质遗传现象，这一发现是对孟德尔定律的挑战和补充。Correns等对紫茉莉的叶绿体进行了遗传学研究，发现叶绿体有自己的连续性，不是由染色体基因所产生的。他发现某品种的紫茉莉有白斑植株。（白斑植株是指同一植株上有些枝条是绿色的；有些枝条是白色的，即白化，因为缺少叶绿素；有些枝条是白斑，即同一枝条上绿色和白化相间而存在，白化部分可多可少。）

该实验结果表明后代出现什么样的颜色取决于卵子所含质体的性质，这种现象称为母体遗传。这就是说细胞所含有的质体如果是正常的，它能够产生叶绿素，紫茉莉的枝条就呈绿色；如果它有缺陷不能产生叶绿素，紫茉莉的枝条就呈白色，表现为白化；如果形成的卵子的细胞质既含有正常的质体，也含有白化的质体，那么受精后紫茉莉就长成白斑植株。

天竺葵中叶绿体遗传的情况与紫茉莉中相似。例如，天竺葵白化枝上开的花自花授粉或从白化枝条上取花粉给它授粉，结果都只产生白化幼苗，但是如果让白化枝条上的花接受绿色枝条上所产生的花粉，它们的后代就会有3种类型：绿色、白化和白斑。对此的合理解释是：在天竺葵的受精过程中，精子进入卵子的不仅仅是细胞核，还有一部分细胞质。精子的细胞质所含有的叶绿体不多，进入卵子的精子细胞质有的可能含有正常的质体，有的可能不含有正常的质体。含有较多正常质体的，受精卵就长成绿色植株；不含有正常质体的，受精卵就长成白化幼苗；含有很少量正常质体的，受精卵就长成白斑植株，因为这受精卵经过细胞分裂所产生的细胞含有正常质体，有的不含有正常质体。

细胞质遗传（cytoplasmic inheritance）是指子代的性状由细胞之内的基因所控制，是细胞之内的基因所控制的遗传现象和遗传规律。

2. 植物细胞质雄性不育的可能形成机理

尽管从一些植物中已经鉴定出与CMS有关的线粒体DNA片段，但是人们对植物细胞质雄性不育的机理仍然知之甚少。一般推测，植物CMS的形成机理有两种：线粒体基因组中新的嵌合阅读框与其邻近的保守基因共转录，造成保守基因的单顺反子转录本减少，从而减少了保守基因编码的蛋白量，致使植物的某些功能异常或丧失而不育；新的嵌合阅读框编码一个毒性蛋白，该蛋白干扰保守基因的生物活性或干扰花药发育中的生理生化过程，从而中断花粉发育，形成雄性不育。

从恢复基因对CMS的影响来看，如果是第一种原因引起CMS，那么相应的恢复基因就应该是通过恢复保守基因的表达量来起作用的。对几种植物CMS的研究显示，在恢复基因有与无两种遗传背景下，虽然嵌合基因的转录模式有明显不同，但都可以检测到线粒体保守基因转录本的存在，且在量上没有明显的区别。这表明第一种解释并不理想（Singh M.，1991）。

对第二种解释目前有较多的实验支持（Bellacui M.，1999）。He S. C.等（1996）将含特异启动子、线粒体高转导序列、菜豆的不育相关基因*ORF*239的序列导入烟草细胞核基因组，获得了几株含有*ORF*239的不育和半不育的转基因植株。免疫细胞学分析表明，在转基因植株中异常发育的小孢子细胞壁表达出不育相关蛋白*ORF*239，认为*ORF*239序列的表达可能与转基因烟草的花粉败育直接相关。赵荣敏等（2002）将*ORF*224部分编码序列及全长序列导入大肠杆菌，结果发现具有*ORF*224特异表达产物特征的大肠杆菌生长减缓，推测*ORF*224可能编码一个毒蛋白。

3. 植物细胞质雄性不育系统的育性调控及其可能机理

在许多CMS系统中，已经鉴定了一些恢复基因。恢复基因通过改变CMS相关嵌合基因的表达而抑制雄性不育性状。恢复基因还可能影响到其他与雄性不育

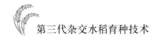

无关的线粒体基因（Li X. Q.，1998），存在"因多效"（pleiotropic effects）现象。恢复基因在转录后水平（转录模式的改变）和翻译后水平（CMS相关蛋白减少或消失）对不育相关区域发挥作用的现象对不同物种都有报道。据此推测，恢复基因的作用方式可能至少有两种。一是编码种RNA加工酶影响转录后水平不育相关区域转录本的加工、编辑，进而导致蛋白谱的差异，引起育性恢复，如水稻（Iwabuchi M.，1993）、向日葵（Laver H. K.，1991）、NAP143（Singh M.，1996）和POL（Stahl R.，1994）胞质油菜。最近的研究表明，在恢复基因引致育性恢复的过程中RNA编辑意义重大。恢复基因直接促使RNA的加工，而加工后的RNA趋向于更容易发生编辑作用（Delome R.，1998）。完全编辑过的RNA更能保持稳定并翻译出功能正常的蛋白质；而未加工过的RNA不能被有效编辑或完全不编辑，随后容易被降解或翻译出功能异常的蛋白质。Hemould M.等（1993）的工作为这一假说提供了较直接的证据。将编辑过和未编辑过的小麦$ATP9$编码序列融合到酵母线粒体基因$COX4$转导肽编码序列的3'端并转入烟草细胞核基因组，表达的蛋白被转运到线粒体。不育和半可育的转基因植株都含有未编辑的$ATP9$，而含有编辑过$ATP9$的转基因植株都是可育的。

恢复基因的另一种作用方式是编码一种蛋白酶，以翻译后作用机制、通过减少不育基因编码的蛋白质累积量而引致育性恢复（Leaver C. J.，1982）。在玉米、Ogu胞质的油菜、Kos胞质的萝卜等个例的研究中发现，不育相关基因的转录本长度、丰度在不育株和育性恢复株中没有差异，但是其编码的蛋白质在育性恢复株中特别是其花器官中明显减少乃至消失。

Cui X. Q. 等（1996）发现，恢复玉米T型不育的两个基因之一$RF1$可以使$URF13$毒蛋白的累计量减少约80%，而另一恢复基因$RF2$不影响$URF13$的积累。$RF2$已被克隆，预测RF2是一个乙醛脱氢酶（ALDH），可能改善了T型胞质的线粒体因$URF13$表达所产生的损伤。他提出$RF2$的两种可能作用机制：一是代谢假说，在$URF13$蛋白引起线粒体功能异常后，ALDH在T型胞质细胞中发挥正常代谢作用，保证能量供应或清除有机代谢废物；二是互作假说，RF2直接或间接与

*URF*13互作，消除*URF*13的毒害效应。

菜豆pvs-CMS的恢复基因*Fr*的作用与其他CMS恢复系统明显不同。He S.等（1995）认为pvs-CMS育性的恢复可能是恢复基因Fr直接在线粒体DNA水平消除了*ORF*239序列的结果，且Fr具有剂量效应。Sarria R.等（1998）研究表明，在菜豆pvs-CMS不育株的各组织中都可检测到*ORF*239转录本，但*ORF*239蛋白仅在生殖组织中存在，在营养组织中检测不到。推测营养组织可能存在一种蛋白酶降解发育中形成的*ORF*239，表现为翻译后的蛋白酶降解机制。对植物线粒体基因组的研究表明，由于细胞内线粒体环状DNA分子间和分子内的高频重组作用，线粒体基因组实际上以大小不同的多个分子形式存在（Wolstenholme D. R.，1995），即所谓的亚基因组转换现象（substoichiometric shifting）。这个转换过程严格受到核基因的控制，并且是可逆的过程（Kanazawa A.，1994）。Janska H.等（1998）进一步证明，菜豆 pvs-CMS不育株的育性恢复并非是因为*ORF*239序列的丢失，而是恢复基因的作用导致线粒体内含有*ORF*239序列的分子拷贝数减少、*c*239沉默的直接结果。在 Ogu CMS油菜中也常发现育性自然回复现象。Bellaoui M.等（1998）的研究也表明，与 Ogu CMS相关的*ORF*138基因由于亚基因组转换而具有不同的分子形式，不同分子形式之间可能由于重组而不断地相互转换。Ogu CMS表型恢复（不育恢复到可育）可能是含*ORF*138基因的优势片段超过一定阀值的结果。可以推测，植物细胞核对线粒体亚基因组拷贝数的抑制作用是其对线粒体基因表达调控的一种有效的方式之一。植物细胞核基因通过控制线粒体相关基因的拷贝数而抑制或激活其表达，极可能是植物在核质协同进化过程中形成的另一类核质互作机制。

植物细胞质雄性不育及其育性恢复现象涉及核质相互作用、基因表达调控及环境因素影响等多方面。近十多年来，分子生物学技术和理论的迅速发展，也确实促进了对植物细胞质雄性不育及其育性恢复现象的研究。但是，这一现象涉及花粉发育乃至雄性生殖器官发育的时空调控过程，生物学过程的复杂性、不育性状和不育基因的多样性，以及恢复育性的机制也不尽相同等，使得有关分子

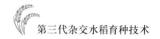
机理的研究仍然没有明确的答案，科学研究仍然任重道远。该研究的进一步深入，还有赖于应用更可靠的研究方法对更多物种的不育基因与不育性状、育性恢复基因与不育基团间的相互作用等进行更系统的研究。科学家们已经相继完成了双子叶植物拟南芥（Unseld M.，1997）、甜菜（Kubo T.，2000）、甘蓝型油菜（Handa H.，2003）、烟草（Sugiyama Y.，2005）以及单子叶植物水稻（Notsu Y.，2002）的线粒体基因组测序工作。对这些物种进行线粒体比较基因组和功能基因组研究结果的借鉴，结合迅速发展的生物信息学技术，将有助于深入研究和认识植物细胞质雄性不育及其育性恢复的机理，最终揭示这一自然现象的本质，并用于育种生产实践。

（二）核质互作不育

核质互作不育型是细胞质不育基因（s）和相对应的核不育基因（$msms$）同时存在时个体表现不育，是由细胞质和细胞核两个遗传体系相互作用的结果。

1. 线粒体基因组开放阅读框与雄性不育

Schnable P. S.等（1999）、Hanson M. R.等（2004）等研究表明绝大多数胞质不育的直接原因是基因重组及其产生的新的开放阅读框，这些基因共同的特点是，一般由几个已知基因的部分序列经多次重组后与未鉴定的阅读框形成嵌合基因，位于正常线粒体基因的上游。

嵌合基因被认为在花药发育的关键时期阻断了线粒体的功能，因而导致CMS的产生。陈喜文等对线粒体基因表达的研究发现，可育花粉中线粒体基因表达活跃，RNA浓度很高；蛋白质分析结果表明花中线粒体数目高于叶中，这说明花药发育过程中需较多的、活性较高的线粒体。但是从CMS胞质所特有的嵌合基因的共同结构来看，由于它们都含有ATP合成酶的某一亚基基因，因此由它们编码的蛋白质含有与ATP合成酶某一亚基相类似的结构，可以推测它们的作用部位在FO−F、ATP复合物上，使得酶活性受损，结果线粒体合成ATP数目减少，从而阻碍花粉正常发育，最终导致花粉育性改变。

还有一些与CMS有关的线粒体基因与电子传递链中的细胞色素氧化酶基因重排有关。对CMS小麦的研究表明，CMS相关片段 *ORF*256与线粒体基因 *cox* I 形成嵌合基因 *ORF*256/*cox* I 共转录。甜菜的 *ATPA*，*ATP*6位点和 *cox* II 位点，这些基因的改变可能影响到细胞色素氧化酶的活性，进而影响ATP合成，最后影响到花粉的育性。

目前，研究者已在芸蔓属作物中鉴定和分离出与CMS有关的线粒体基因，并且都编码特异的蛋白质，如Ogu型萝卜的 *ORF*138、Nap型甘蓝型油菜的 *ORF*222、Pol型甘蓝型油菜的 *ORF*224，以及叶用芥菜的 *ORF*220、KosCMS的 *ORF*125位点外，还有近年来发现的TourCMS的 *ORF*193位点。

2. 细胞质雄性不育性对核背景的分子水平响应研究进展

线粒体是一个半自主的细胞器，它有自己的基因组，进行DNA的复制、转录和翻译，可以编码自身的rRNA、tRNA以及少量蛋白质，但这些过程并不是线粒体完全独立地进行的，它离不开核基因组的指导与调控。线粒体基因表达所必需的一些蛋白质，如RNA聚合酶、核糖体大亚单位以及许多调控因子都由核基因编码，在核糖体上合成后，运输进线粒体后再起作用。线粒体功能的正常发挥需要线粒体基因组和核基因组的互作。组成呼吸链的一系列结构蛋白是由线粒体和细胞核共同编码的，这些蛋白质的正确组装受核基因的控制。线粒体要分化成为有正常功能的细胞器并维持其组织结构，行使能量转化功能，还是需要与核基因组的共同协作指导呼吸酶的合成和组装。

任何一个物种都可归结为一种核质互作体系，它们是在长期的进化过程中相互选择、相互适应的结果。通过连续回交转育创建异源细胞质雄性不育系，原有核质互作关系被打破，需要建立新的核质互作关系。这种"打破"和"建立"，包括核质基因的对应性和默契、核质基因容量的平衡等。这种"建立"也应该是一个相互求适应的"磨合"过程，在这个过程中，细胞核基因和细胞质基因的变异是不可避免的，并非一般认为的稳定遗传。

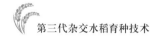

3. 核恢复基因对细胞质雄性不育性的影响

核基因对CMS的最明显的影响是，当CMS植株授以恢复系的花粉，即引入核恢复基因后，CMS相关基因的转录和表达受到调控作用，可矫正CMS的异常，从而导致花粉育性的恢复，表现为雄性可育。在自然界存在一些特殊的不育细胞质，当核基因组缺乏抑制其表型的恢复基因时，植株表现为雄性不育；反之，在存在恢复基因的核背景下则雄性可育。

例如，玉米CMS-T的恢复基因是显性基因*RF*1和*RF*2，分别位于玉米的第3和第9染色体上，这两个显性基因同时作用才能产生正常花粉；CMS-S的恢复基因是位于第2染色体的显性基因*RF*3；CMS-C型的恢复基因为*RF*4，*RF*5和*RF*6，*RF*4对育性恢复起决定作用，而*RF*5和*RF*6是重叠基因，与*RF*4有互补作用，只要有*RF*4和另外两个（*RF*5和*RF*6）的任何一个互补就能起到恢复作用（周洪生，1994）。

大多数植物的恢复基因并不影响mtDNA的一级结构，它对育性的调控作用主要发生在转录或转录后水平上。只有少数作物，如菜豆，其核恢复基因Fr则直接影响CMS系线粒体基因组的结构，通过选择性地消除与CMS相关的序列而使育性恢复。在转录水平上，可改变转录起始位点改变转录本的丰度，例如ORF222花器官发育的早期阻断花粉发育进程，核恢复基因可以降低ORF222的转录水平。恢复基因还可以改变转录本的数量。危文亮等用10个线粒体基因为探针，对NCa甘蓝型油菜不育系、保持系和可育Fl的苗期叶片、幼蕾及未成熟种子的线粒体RNA进行了Northern分析，发现*ATP*9探针在不育系中检测到1条0.6kb的转录本，而在可育Fl中检测到了0.6kb和1.2kb两种转录本。在翻译水平上，可改变翻译产物的含量，从而影响CMS座位的表达。还有报道认为细胞质雄性不育可能与线粒体RNA编辑的不充分和偏离有关，恢复基因的引入可以提高线粒体RNA的编辑频率。李鹏等（2006）通过对不育系、保持系、恢复系和杂种F_1代线粒体RNA编辑频率的比较，发现引入恢复基因后，不育胞质中*cox*Ⅲ基因转录本的编辑频率明显提高，说明*cox*Ⅲ基因转录本的RNA编辑与细胞质雄性不育具有一定相关性。Leon P.等（1998）推断，在高等植物中，RNA编辑很可能通过把原来核苷酸序列中的C编辑为U，创造新的翻译起始点（AUG）或终止点（UAA、UAG或UGA），因而改变了CMS相关DNA位点的转录本，抑制了不育型的表型。

恢复基因的另一种作用方式可能是编码一种蛋白酶，通过减少不育基因编码的蛋白质累积量而引致育性恢复。在玉米（Cui X. Q.，1996）、Kos胞质的萝卜（Iwabuchi M.，1999）等研究中发现，其不育相关基因的转录本长度、丰度在不育株和育性恢复株中没有差异，但是其编码的蛋白质在育性恢复株中特别是其花器官中明显减少乃至消失。在Ogu雄性不育胞质中，恢复基因减少育性恢复株花蕾的ORF138蛋白，在花药发育期尤其显著。花蕾和花药多核糖体分析的结果表明，不育株和可育株ORF138转录物翻译效率相同，由此可以推断ORF138基因产物在翻译后水平上稳定性降低，从而导致蛋白累积减少而恢复育性（Krishnasamy S.，1994）。

恢复基因除了对特定的雄性不育相关基因有影响外，可能对线粒体结构有更为广泛的影响。李文强等（2009）对具有山羊草属细胞质的4类不育系线粒体DNA（mtDNA）进行了RAPD分析，分别比较了具有同一细胞质背景的山羊草、雄性不育系，以及该类不育系与恢复系组配的可育杂种F1的mtDNA的变异性。结果显示，供试山羊草与其对应细胞质雄性不育系在mtDNA上存在明显多态性，表明不育系在质核互作的影响下很可能已导致mtDNA发生变异；而不育系与对应的可育杂种F$_1$在mtDNA上也存在多态性，同样表明育性恢复核基因对不育系进行育性恢复的过程中亦可能引起mtDNA发生相应变异，mtDNA变异很可能涉及不育系育性本质的改变。

4. 核背景对细胞质雄性不育系温度敏感性的影响

植物雄性不育受细胞核和细胞质两个系统的多个遗传因子相互控制，细胞质和细胞核因子因变异会发生遗传缺陷，其中一方产生的缺陷得不到弥补时就会表现为雄性不育。缺陷的性质、数量和核质间互补程度不同，使花粉败育的时期和程度不同。核质缺陷不完全互补时，表现出不同程度的雄性不育即出现微粉。

李殿荣等（1986）对同质（陕2A不育胞质）异核不育系的研究表明，核基因不同，温度对其育性影响的程度和时间不同。微粉的发生决定于细胞核，微粉的多少取决于温敏基因的敏感程度。转育低代的不育系的育性较彻底，随回交代数的增加，测交一代能保持不育性的许多组合出现微粉，其原因可能是温度敏感基因逐步积累和保持系细胞核导入。

5. 细胞核背景对DNA转录的影响

线粒体基因组只有部分能转录表达，但转录和翻译情况比较复杂，在任一阶段都可能导致CMS。已发现雄性不育与基因的调控水平有关，而且雄性不育基因的表达有组织特异性。核背景对雄性不育性的影响也体现在对不育相关基因乃至整个线粒体基因组的转录调控上。

裴雁曦等（2004）从茎瘤芥胞质雄性不育系线粒体cDNA中扩增获得了CMS相关T基因的2个不同转录本，分别命名为Tl170和T1243。序列分析表明，T1243是一个保留了内含子的转录本，该内含子具备II型内含子基本特征。认为这2个转录本是T基因选择性剪接的产物。RT-PCR分析表明，在苗期T基因转录水平的表达以Tl170转录本为主；随着发育时期变化，该转录本表达逐渐减少，而另一个转录本T1243表达丰度增加；到盛花期，该基因的表达以T1243为主，Northern杂交验证了这一结果。推断茎瘤芥胞质雄性不育性和T基因转录后选择性剪接有关。邓晓辉等（2006）运用半定量RT-PCR在不同器官中对ORF224基因的表达水平进行分析，结果表明：不育系花期叶片中该基因的表达量比长度小于0.5mm蕾和雄蕊中的明显偏低，在后2个器官中ORF224的表达量无明显差异，该结果显示ORF224基因表达上调与孢原细胞分化受阻相关。

核基因影响线粒体特定功能基因表达的实例很多。如玉米核基因Mct对线粒体基因coxII的启动子选择具有调控作用，显性Mct基因使coxII基因产生一个约1 900bp的转录物，而隐性Mct则导致一个截短的转录物的产生（Newton，1995）。

易平等（2004）以国内外公认的新的水稻不育类型——红莲（HL）型细胞质雄性不育系A、保持系B以及不育系与两种不同恢复系杂交得到的两种杂交一代（F1和SF1）为材料，利用一种适用于线粒体基因表达分析的差异展示方法，研究不同核背景下线粒体基因表达的变化情况。在4个材料间揭示出差异的引物有9个，这9个引物中有3个扩增出的差异条带为不育系A和F1杂种所特有，5个引物扩增出杂种SF1特有的差异带，只有一个引物扩增的差异带是F1所特有的。研究结果表明，核背景的改变对线粒体基因表达具有广泛和普遍性的影响。在两个杂种中出现的新带有可能是核基因改变了线粒体基因转录起始位点、转录物的加工位点或编辑位点的结果，也可能是核背景的变化引起的线粒体基因特异表达的结果。

　6. 核质互作对花器官发育的影响

　植物花由4种花器官组成，呈同心圆排列，形态学把这些器官所在的区域称为轮。正常的花具有4个轮，由外向里依次是：轮1为萼片，轮2为花瓣，轮3为雄蕊，轮4为心皮。在对模式植物拟南芥和金鱼草中影响花器官发育的同源异型基因进行遗传和分子分析的基础上提出了花器官特征决定的ABC模式（Coenand E .S.，1991；Weigel D.，1994），认为有A、B、C 3类基因参与了4种花器官特征的决定。如拟南芥A组基因包括*APETALAI*（*API*）和*APETALA2*（*Ap2*），B组基因包括*APETALA3*（*AP3*）和*PISTILLATA*（*P1*），C组基因包括*AGAMOUS*（*AG*）和*PLENA*，B组基因和C组基因共同作用形成雄蕊。近年来又发现了E组基因，包括*SEP1*、*SEP2*和*SEP3*，为所有ABC族基因的上游转录因子，在花发育的所有时期均表达并调控A、B、C各组基因的表达。B、C、E组基因均属于MADS盒家族转录因子，可特异结合在目的基因的CArG框上，形成二聚体或杂二聚体。酵母双杂交试验表明B组*PI*/*AP3*基因的表达的蛋白并不直接与C组基因作用，而是通过E组基因SEP3的媒介与DNA形成复合体，从而实现B组和C组基因的组合功能形成雄蕊（Honma T.，2001）。B和C组基因以及*SEP*基因在雄蕊发育的过程中持续表达，因此它们在雄蕊发育中直接负责激活很多雄蕊发育相关的基因的表达。

　植物雄性不育性状发生时往往伴随着花器官形态的异常，这与花器官形态的改变，以及A、B和C类基因表达密切相关，这类基因表达水平的改变对应轮数花器官的（叶片、花瓣、雄蕊和雌蕊）转变，在胞质不育材料中，花粉败育以后

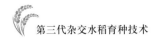

出现了大量异常发育的雄蕊，如线粒体突变和胞质不育的烟草、胞质不育的胡萝卜、胞质不育的小麦及胞质不育的叶用芥菜等。许多研究已经证明了B类和C类基因表达水平上的降低是出现花瓣状、丝状、心皮状及羽状退化雄蕊的原因。同时这些基因的表达有明显的时空特征。如对向日葵的研究表明，按照Schneiter A. A. （1981）对花发育阶段的分类标准，*HapI*、*HaAG*和*HaAP3*基因在Rl至R4阶段其表达逐渐增加，主要在R3、R4时期表达，在到达R5阶段后表达量又急剧下降。在不育和可育的花序中，这3个基因的表达量有很大差异：*HaAG*在可育花中大量积累，在不育花中表达量很低；*HapI*、*HaAP3*则在不育花中有高丰度的表达。在胞质不育材料中，花器官的发育受系列和同源异型基因及ABC模型的调控，而A、B和C类基因表达水平会在核质互作系统中发生改变，在细胞质雄性不育系统中，细胞质对此类核编码的MADS-box型转录因子基因表达有重要的影响。运用核置换的方法创建新的雄性不育系，会产生新的核质互作关系，必然会对花器官的发育带来不同类型和程度的影响。

三、雄性不育系及其保持系选育标准

因为雄性不育及其保持系是同核异质的两个系，因此其选育标准集中体现在不育系上。

（一）不育系的不育性要稳定

一个优良不育系的不育度和不育株率均要达到100%，不育性稳定，不易受环境条件的影响，特别是不易随温度的变化而变化，也不因多代的自交繁育而恢复自交结实。另外，不因比较恶劣的气象条件而产生败育。

（二）具有利于异花授粉的开花习性和花器结构

开花正常，花时要早，与父本相吻合；花颖开张角度大，开颖时间长，柱头发达，外露率高；穗不包颈或包颈极轻，从而达到异交结实率高的目的。

（三）具有良好的可恢复性

不育系对普通恢复系来说，要具有良好的可恢复性，恢复品种多，接受恢复系花粉能力强，杂交结实率高，而且稳定。

（四）农艺性状优良，配合力强

不育系株高适中，株型紧凑，叶片窄厚挺举，剑叶短小，分蘖能力强，穗大粒多。一般配合力和特殊配合力要强。容易组配出强优势的杂交种。

优良的雄性不育保持系应具有稳定和较强的保持不育系不育性的能力，农艺性状整齐一致，无分离现象，丰产性好，花药发达，花粉量多，有利于种子繁育和高产。

四、雄性不育系及其保持系的选育

在水稻雄性不育系选育过程中，不论是自然产生的还是杂交产生的雄性不育株，由于连续回交，不育系与其保持系除育性不同外，其他性状几乎没有多大差别。因为是同核异质，其外部形态极为相似，主要区别在于：雄性不育系在抽穗后雄性器官发育不正常，表现为花药瘦小，形状异常花粉粒干瘪、没有授粉能力；而保持系在花药形态色泽、开裂状态表现正常，花粉形态、花粉粒形态饱满、其淀粉粒内所含淀粉、染色均正常。

（一）利用天然雄性不育植株选育不育系

水稻天然雄性不育植株的产生有两种类型：一种是细胞核基因控制的雄性不育性，难以找到保持系；另一种由自然杂交产生的雄性不育植株，其不育性大多由不育细胞质和细胞核基因共同控制，属于质核互作型，较易实现三系配套。因此，利用质核互作型的天然不育植株选育不育系已成为水稻雄性不育系选育的重要技术之一。

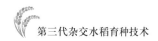

我国水稻生产上广泛应用的野败型不育系，就是利用中国普通野生稻中发生天然杂交而产生的雄性不育株，以它的母本与栽培稻杂交，如野败A6044与二九南1号的杂交，逐代选择倾向父本的不育株，将其作母本与二九南1号连续回交4代，最终育成二九南1号A不育系及保持系二九南1号B。

（二）利用杂交法选育雄性不育系

1. 远缘杂交法

远缘杂交法是将两个遗传差异极大的亲本通过杂交和回交，使父本的细胞核基因逐步取代母本的核基因，使其具有母本的细胞质和父本的细胞核。如果母本具有雄性不育细胞质基因，父本又具有相应的细胞核雄性不育基因，二者的互作就能产生雄性不育性。

武汉大学育成的红莲型莲塘早不育系，就是利用红芒普通野生稻作母本与莲塘早栽培稻杂交并连续几次回交育成的。因莲塘早不育系的茎秆较高生产上难以直接利用，广东省佛山市农业科学研究所和广东省农业科学院水稻研究所从红莲型不育系分别转育成矮秆的青田矮A、丛广41A、粤泰A等同质不育系。

利用野生稻与栽培稻杂交选育不育系时，要注意野生稻极易落粒的问题，杂交后要及时套袋，直至成熟。野生稻属典型的短日照水稻，在高纬度稻区种植野生稻及其低世代杂种后代均应采取短日照处理，才能正常抽穗结实。野生稻及其低世代杂种的种子还有较长的休眠期，播种前要去壳浸种和适温催芽，以提高发芽率。

2. 籼粳杂交法

籼粳是水稻的两个亚种，亲缘关系较远，但只要组合选配适合，是可以育成雄性不育系的。1966年，日本新城长友用印度籼稻品种 Chinsurah Boro Ⅱ 与粳稻品种台中65杂交和回交，育成稳定的雄性不育系，即包台（BT）型雄性不育系台中65A和保持系台中65B。在B1F1至BF1世代群体里，选择雄性部分不育植株，与台中65进行回交，然后自交一次，选择其中雄性完全可育株，即成BT-1

系，以消除籼粳直接杂交造成的生理性不育。再以BT-1系为母本与台中65杂交，在F$_2$代群体中分离出完全可育的BT-A系，部分雄性不育的称BT-B系。然后用BT-B系作母本与台中65杂交，从F$_1$中分离出完全雄性不育株系，即成为BT-C系。再以台中65作母本与BT-1系杂交，在F$_2$中随机取出11株，分别与BFC不育系杂交。在F$_1$中，3株表现部分雄性不育，其父本称TB-X系；6株分离成部分雄性不育和完全雄性不育1∶1的比例，其父本称TB-Y系；2株表现完全不育，其父本称TB-Z系。因此，BT型中的BT-C为雄性不育系，TB-Z、台中65为保持系，BT-A、BT-X为恢复系，实现了三系配套。由于BT-A与BT-C的细胞核遗传背景组成相似，其杂种一代虽可恢复，但没有表现出杂种优势。

（三）利用保持系材料转育不育系

利用现有的不育系和保持材料为基础进行转育，也是选育水稻新雄性不育系的有效途径。转育分两步进行，第一步是广泛测交筛选具有较强保持力的品种或材料。第二步是择优回交。在测交F$_1$中，从不育度和不育株率较高的组合中选择优良的不育单株，与原测交父本进行单株成对回交。在回交进代的各世代中，选择不育性稳定、异交结实率高的株系，继续回交。从单株成对回交的群体，直到不育系选育定型为止，需要1 000株以上的群体进行育性鉴定。

1972年，日本包台（BT）型雄性不育系引入中国后，辽宁省农业科学院以此为不育系，与具有保持力的日本粳稻品种黎明杂交进行回交转育，最终育成雄性不育系黎明A及其保持系黎明B。

五、恢复系选育标准及恢复基因来源

（一）恢复系选育标准

一个优良的水稻恢复系必须具有以下优良性状：

① 恢复能力强，而且恢复性稳定与雄性不育系杂交组配的杂交种（F$_1$）结实

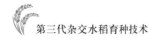

率不低于85%。

② 配合力高。恢复系要具有较高的一般配合力，而且与某些雄性不育系配组，具有较高的特殊配合力。

③ 恢复系株高要略高于雄性不育系，花药发达，花粉量多。研究表明，粳稻恢复系的产粉量与花药长度呈极显著正相关，与花药宽度也呈正相关但未达到显著水平，与花药的体积也呈极显著正相关，说明花药的长度、宽度和体积越大，粳稻恢复系的产粉量就越多。因此，在粳稻恢复系选育中，应筛选长度长、宽度宽、体积大的花药，以增加制种田的花粉量，提高粳稻制种的产种量。

④ 恢复系开花习性良好。花期长，花期与雄性不育系同步或稍晚；花时也要与不育系同时或略迟。

⑤ 恢复系要具有较优的农艺性状、品质性状、抗性性状，以使配制的杂交种（F_1）有可能具有较优的综合性状。

（二）恢复基因来源

籼稻和粳稻处在不同的进化阶段，其细胞核里存留的恢复基因数量是不同的。一般来说，籼稻基因型里的育性恢复基因多一些，而粳稻基因型里的恢复基因要少一些。通过对恢复系测交检验其恢、保关系的研究表明，对雄性不育系具有恢复能力的品种有相当规律的地理分布。

湖南省对不同地理来源的731个水稻品种进行测交鉴定，结果表明，来源于低纬度地区的品种中具有恢复性的品种较多。例如，我国华南、西南地区有75个品种，占测定品种总数的35.5%；我国长江流域具有恢复力的水稻品种较少，仅有7.6%；我国北方，以及日本、韩国等国粳稻具有恢复基因的品种较少。

应存山等采用5个雄性不育系，即野败型细胞质不育系珍汕97A和V20A，矮败型细胞质不育系协青早A，Disi细胞质不育系D-汕A，印尼水田谷细胞质不育系II-32A作测交母本，对510份外国引进的水稻品种进行鉴定筛选。结果是来自东南亚的品种得到的恢复系最多，占测交鉴定总数的20.1%，占已鉴定出的恢复系总数的66.7%。其中，国际水稻研究所育成的IR系列品种和品系，我国台湾地区以及韩国的籼稻或籼粳杂交品种中具有恢复基因的品种较多。

20世纪70年代初期，我国先后从国际水稻研究所引进该所选育的IR系列水稻品种和品系。在这些品种（系）中，有的经鉴定表现优良直接应用于生产，有的作为亲本系在水稻育种上利用，尤其作为恢复基因的来源，通过测交进行鉴定筛选，获得了含有恢复基因的强恢复系泰引1号、IR24、IR661，并被依次定名为恢复系1号、2号和3号。之后，又测交获得了强优恢复系IR26，定名为恢复系6号。

林世成等（1991）对IR24、IR26、IR66等品种的系谱进行了分析，结果显示这些品种的原始亲本组成很丰富，其中，含有中国老水稻品种*Cina*和印度尼西亚品种*Peta*，均带有恢复基因。由于*Peta*对野败雄性不育系具有较强的恢复能力，因此，含有*Peta*亲缘的IR24、IR26等品种作亲本选育出的恢复系及其衍生恢复系数目较多。

杂交稻育成并在生产上推广应用至今，从总体上看以野败型雄性不育系珍汕97A、V20A组配的杂交种最多，种植面积最大，而野败型恢复系的恢复基因主要来自以IR8为代表的国际稻品种及其衍生系统。IR8性状优良、配合力高，但其恢复度低一些，而它的衍生系统的恢复力增强，IRB24、IR26、IR66、IR28、IR30和IR36等品种作为恢复基因来源，已育成一批各种恢复系。

六、雄性不育恢复系选育方法

（一）测交选育法

测交选育法简便、易行、收效快，是筛选恢复系的基本方法。目前，生产上应用的野败型、矮败型、红莲型等雄性不育恢复系，都是通过测交法育成的。测交选育程序如下：

1.初测

选择洲基因型（水稻品种或品系等）分别与测验的雄性不育系成对杂交，形

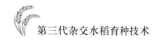

成测交种，每对测交的种子应有40粒以上，种成F₁要有15～20株，以调查杂种群体的结实率、农艺性状、产量、抗病性、配合力等。如果F₁花药开裂正常，有活力花粉在80%以上（孢子体型）或50%以上（配子体型），结实正常，表明被测的父本具有恢复力，应选留下来。

2.复测

经初测入选的基因型，再与原雄性不育系杂交进行复测。复测杂种一代（F1）的植株群体应在100株以上。如果结实表现正常，则确认是经测交筛选出的一个恢复系。同时，要进行小区测交，考察农艺性状和抗病性等，对那些杂种优势表现不明显、抗性差的要淘汰掉。

在测交筛选野败型不育系的恢复系时，要考虑两个问题。第一，恢复材料与不育系原始亲本的亲缘关系。野败型测交筛选恢复系的许多结果表明，凡是与野生稻亲缘较近的晚籼稻，较多品种都带有恢复基因。若粳稻与野生稻亲缘较远，很难筛选到对野败具有恢复力的恢复系。第二，恢复源材料的地理分布。通常来源于低纬度、低海拔的籼稻具有恢复力的品种较多些，而高纬度、高海拔地域的品种极少具有恢复性。

（二）杂交选育法

测交选择法筛选的恢复系获得的优良恢复系有限，很难满足选配强优势优良水稻杂交种的需要，因此采用杂交选育法能够创制出新的优良恢复系。在杂交选育恢复系时，可以采用单杂交或复合杂交选育法。

1.恢复系与恢复系杂交

通过杂交，将两个品种的优良性状和恢复基因结合到一起，育成新的恢复系，这是目前选育恢复系的主要方法。采用两个恢复系杂交较易获得成功。由于双亲均带有恢复基因，在杂交后代中产生具有恢复性植株的概率较高，早代可以不测交，待其他性状稳定后再与不育系测交。谢华安（1980）用IR30与圭630杂交行几次单株成对测交，育成了恢复性强、米质优、抗稻瘟病的恢复系明恢63，成为我国广泛应用的水稻恢复系。

李丁民等（1980）用IR36与R24两个恢复系杂交，育成恢复力强、抗性强、植株繁茂的恢复系桂33与珍汕97A组配的籼优桂33杂交种，1987—1991年累计种植面积334万hm^2。

2. 保持系与恢复系杂交

保持系与不育系是同核异质系，因此可以采用不育系与恢复系杂交，育成同质恢交，并连续回交，在后代里选择育性良好的单株。利用保持系与恢复系杂交，从其稳定IR28杂交，从杂种后代中选到籼糯型株系，与败育型不育系珍汕97A多次连续复测，育成了强恢复力的糯稻恢复系台8-5，在生产上得到了应用。

新疆农垦总局水稻杂优组（1976）用北京粳稻3373与IR24杂交，从杂种后代中先选择具有倾向粳稻性状的早熟植株，到第5代开始用野败型粳稻不育系杜129A与其成对测交，经过6次连续复测，最终育成了粳67、粳189、粳611等恢复系。安徽省农业科学院从C57/城堡1号杂交的后代中，选育得到C堡恢复系。

3. 复合杂交

复合杂交能将3个或3个以上亲本的优良性状、抗性及恢复基因等结合到后代个体上，育成强优恢复系。例如，湖南杂交水稻研究中心（1981）先用IR26与窄叶青8号杂交，接着从F$_2$中选择一个优良单株作母本与早恢1号复交，然后，从复交二代开始用V20A进行2次测交选择，最终育成了早熟、抗病、恢复力强的二六窄早恢复系。

辽宁省农业科学院水稻研究所从1972年开始，以IR8与科情3号杂交，F$_1$再与京引35复交，经4代自交和选择，于1975年育成了粳稻C系列恢复系，其中，C57表现恢复性好，性状优良，与黎明A不育系组配的杂交种黎优57具有明显的杂种优势，使我国粳稻杂种优势利用最先获得突破，并在北方粳稻区大面积推广种植。

籼粳杂交是选育恢复系的有效途径之一，按照选育目标和复合杂交的方式不同，可以向偏粳或者偏籼方向选育，育成粳型或籼型恢复系。

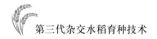

（三）诱变选育法

利用诱变方法改良原有恢复系的一两个重要缺点性状，育成新的恢复系，是十分有效的。例如，浙江省温州市农业科学研究所（1981）1977年利用IR36恢复系干种子，经Co γ-射线处理，剂量为3kR，诱变后代经选择、测交和测交鉴定，于1981年育成比IR36恢复系早熟10d左右的新恢复系IR36辐。湖南杂交水稻研究中心（1986）将二六窄早恢复系经辐射处理后，从后代中获得若干早熟突变株，经成对测交选择，最终选育成华联2号、华联5号、华联8号等新恢复系，并组配成水稻杂交种在生产上推广应用。

第二节　普通核不育基因的研究现状

一、隐性核不育基因研究现状

利用植物的杂种优势可以显著提高作物产量和品质。杂种优势育种已经成为多种农作物的主要育种方法之一，并被广泛应用到商业育种中。利用杂种优势进行杂种生产的主要方法有雄性不育制种、人工去雄制种、理化因素杀雄制种、标记性状制种、自交不亲和制种和雌性系制种。要使制种达到商业化水平，雄性不育的稳定性是必需的。雄性不育制种是利用植物雄性不育性克服人工去雄困难，且充分利用植物杂种优势的有效途径。

雄性不育现象在自然界普遍存在，理化诱导和生物技术均能产生雄性不育（张爱民，2000；徐芳，2006；王玉锋，2011）。分类学上把雄性不育分为3种类型：由细胞核基因控制的核雄性不育，由细胞质基因控制的质雄性不育，由细胞核和细胞质基因共同控制的核质互作型雄性不育（肖国樱，2000）。普通核不育又称隐性核不育，是由一对隐性基因控制的花粉育性，其败育彻底，遗传简单，是理想的杂种优势利用材料，在自然界中广泛存在，在多种作物中均发现普通核不育突变体。Nagi（1926）首次获得自然突变的核雄性不育水稻。通过用乙烯亚胺处理3个水稻品种，在M2代得到8个雄性不育突变体，利用这8个突变体与各自原来的品种进行杂交后，F_1可正常结实，自交后育性分离，可育与不育之比为3：1，证明雄性不育由一对隐性基因控制（Ko and Yamagata，1980）。周宽基（1986）在小麦品种间组合87（212）的F1代杂种后代中发现一雄性不育材料，后经广泛的测交、杂交和回交，和后代育性分离比例调查及系谱分析，初步确定该雄性不育属单隐性核基因突变，具有普通小麦细胞质，不育性遗传稳定、彻底，不受环境变化的影响。张正丽（2013）开发出油菜中隐性核不育基因*BnMs*1和*BnMs*2分子标记，将高油酸低亚麻酸分子标记相结合，从3 078个单株的BC2F1群体筛选出10株携带有高油酸低亚麻酸位点的不育株，在花期进行育性调查，发现基因型和表现型一致。拟南芥、玉米和水稻等作物中均陆续有普通核不育基因的发现和克隆。拟南芥中的*SPL/NZZ*、*AMS*、*MS*1、*MS*2、*NEF*1、*GPA*1等基因已经完成了克隆，另外据不完全统计，拟南芥中已经发现24个不育基因。玉米种的*MS*45基因位于第九号染色体上，长约1.4kb，突变体*MS*45/*MS*45植株表现为雄性不育型，所产生的花粉无活性，而将Ms45基因重新导入*MS*45/*MS*45纯合体，其育性得到恢复（Cigan，2001）。目前，在拟南芥、玉米和番茄等材料中克隆的大量的隐性核雄性不育基因，其功能涉及孢母细胞减数分裂、绒毡层分化和降解、花粉和花粉囊壁发育等不同方面（表3-1）。例如，拟南芥*EMS*1基因编码富含亮氨酸的受体蛋白激酶，调控小孢子的早期发育，*EMS*1突变体产生过量的雌雄孢子母细胞，其绒毡层和中间层发育紊乱，导致花粉彻底败育。*EMS*1基因在水稻中的同源基因*MSP*1突变同样能导致水稻核雄性不育（Zhao D. Z.，2002）。拟南芥*AMS*基因编码bHLH类转录因子，在绒毡层和减数分裂后期起主要作用，*AMS*突变体绒毡层发育不正常，小孢子提前降解，导致拟南芥核雄性不育（Sorensen A. M.，2003）。*AMS*基因在水稻中的同源基因*TDR*调控绒毡层的降解过程，它的

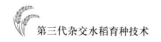

突变能导致水稻雄性完全不育。

表3-1 拟南芥、玉米和番茄等材料中已克隆的隐性核雄性不育基因

核不育基因	物种	对应育性基因编码蛋白	对应育性基因功能	水稻同源基因
MS26	玉米	细胞色素P50家族	绒毡层和小孢子发育	Os03g07250
MS45	玉米	异胡豆苷核酶	花粉细胞壁合成	Os03g15710
MS22	玉米	谷氧还蛋白	小孢子减数分裂	Os07g05630
Toma108	番茄	谷物种子储藏蛋白	小孢子减数分裂	Os01g74110
Cals5	拟南芥	胼胝质核酶	花粉细胞壁合成	Os06g08380
Gls10	拟南芥	葡聚糖核酶	小孢子有丝分裂	Os06g02260
Mia	拟南芥	P5ATP酶	花粉和花粉囊壁分泌蛋白	Os05g33390
Dadl	拟南芥	叶绿体磷脂酶A1	花粉成熟和花粉囊开裂	Os11g04940
Aos	拟南芥	丙二烯氧化物合成酶	花粉囊开裂和花丝伸长	Os03g55800
Mmdl	拟南芥	PHD-finger转录因子	小孢子减数分裂	Os03g50780
MS5	拟南芥	四连重复多肽	小孢子减数分裂	Os05g43040
atmyb103	拟南芥	R2R3MYB转录因子	绒毡层发育和胼胝质降解	Os04g39470
serk2	拟南芥	LRR类受体激酶	小孢子减数分裂	Os08g07760
rpk2	拟南芥	LRR类受体激酶	花粉成熟和花粉囊开裂	Os07g41140
syn1	拟南芥	裂殖酵母RAD21蛋白	染色质浓缩和染色单体联会	Os05g50410
tdf1	拟南芥	R2R3MYB转录因子	胼胝质降解	Os03g18480

核不育基因	物种	对应育性基因编码蛋白	对应育性基因功能	水稻同源基因
*flp*1	拟南芥	脂质转运蛋白	蜡质合成和孢粉素形成	Os09g25850
*atgpat*1	拟南芥	甘油-3-磷酸酰基转移酶	绒毡层和内质网发育	Os01g44069

二、水稻隐性核不育基因研究现状

根据半薄切片技术的系统观察，从雄蕊原基分化到成熟花粉粒形成并释放，水稻花粉发育过程可划分为8个时期（冯九焕，2001）。各个阶段任何一个相关功能基因的异常，都可能导致难以形成有活力的花粉，造成雄性不育。目前已经克隆了多个水稻隐性核不育的功能基因。

绒毡层位于花药药壁的最内层，包围着花粉母细胞或小孢子，其功能：在花粉发育和形成过程中，转运营养物质，满足小孢子发生的需求；合成胼胝质酶，分解胼胝质壁；提供构成花粉外壁的孢粉素；产生外壁蛋白；运输成熟花粉粒外被的脂类和胡萝卜素；解体后的降解产物为花粉、蛋白质和淀粉合成提供原料。绒毡层的缺失、细胞膨大、提前解体、延迟退化或不解体等异常行为将会导致花粉败育。花粉发育中，绒毡层适时分泌胼胝质酶对花粉正常发育非常关键。凡影响到水稻小孢子发育的基因发生变异，花粉发育不完全而丧失活性的基因均属于水稻普通核不育基因的范畴。根据不育基因的功能和调控时期的差异，可将水稻隐性核雄性不育基因分为3类：小孢子母细胞发育时期不育基因，绒毡层发育时期不育基因，花粉囊和花粉外壁发育时期不育基因。

（一）小孢子母细胞发育相关的普通核不育基因

小孢子母细胞发育过程有许多基因进行调控，其中*MSP*1（multiple sporocyte）

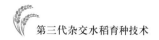

就是调控小孢子细胞早期发育的育性基因。*MSP*1是水稻中克隆的第一个调控早期小孢子细胞发育的育性基因，编码富含亮氨酸的受体蛋白激酶。*MSP*1基因突变后，所指导编码的受体蛋白激酶合成降低，*MSP*1突变体产生过量的雌雄孢子母细胞，花粉囊壁和绒毡层发育紊乱，小孢子母细胞发育停留在减数分裂Ⅰ期，而大孢子母细胞的发育不受影响，最终导致花粉彻底败育，而雌性器官发育正常（Nonomura K. I.，2003）。

（二）绒毡层发育相关普通核不育基因

水稻花粉囊壁由外向内依次由表皮层、内皮层、中层和绒毡层组成。绒毡层和花粉母细胞直接接触，为小孢子发育提供营养物质，同时参与花粉细胞壁的形成。绒毡层的分化和适时降解能促进花粉细胞壁的产生和花粉粒的成熟，其降解过程是一种细胞程序化死亡过程（programmed cell death，PCD），在花粉发育中起着重要作用（Wu H. M.，2000；Papini A.，1999）。该过程中相关基因的突变将会导致水稻雄性不育，其中包括编码bHLH类转录因子的*TDR*（tapetum degeneration retardation）基因和*UDT*1（undeveloped tapetum1）基因。*TDR*基因编码的蛋白结合到程序性死亡基因*OsCP*1和*OsC*6的启动子区，正向调控绒毡层细胞的PCD过程，而*tdr*突变基因导致绒毡层和中层的PCD过程延迟，小孢子释放后被迅速降解，从而导致雄性完全不育（Li N.，2006）。而*UDT*1调控绒毡层早期基因表达和花粉母细胞减数分裂。*udt*1突变体绒毡层在减数分裂期的发育变得空泡化，中层不能及时降解，因而性母细胞不能发育成花粉，最终导致花粉完全败育（Jung，2005）。*Gamyb*4基因编码受赤霉素诱导的MYB转录因子，正调控赤霉素信号途径，影响糊粉层和花粉囊发育过程中淀粉酶的表达，同时也调控绒毡层降解的PCD过程和花粉发育过程，是水稻花粉发育早期所必需的。*API5*（Apoptosis Inhibitor 5）基因编码动物抗凋亡蛋白5的同源蛋白，正向调控绒毡层的PCD过程。*api*5突变体由于抑制了PCD过程，延迟了绒毡层的降解，导致雄配子发育受阻以及花粉败育（Li，2011）。*TDR*下调*GAMYB*和*UDT*1基因表达，*GAMYB*和*UDT*1基因通过不同的途径调控水稻早期花粉囊的发育（Liu，2010）。

最近，Li等（2011）克隆了*PTC*1（persistent tapetal cell1）基因。该基因编码PHD-finger转录因子，调控绒毡层的发育和花粉粒的形成。在花粉发育的第8～9时期，*PTC*1主要在绒毡层细胞和小孢子中表达。*PTC*1突变体绒毡层降解延迟，呈炭疽状坏死，同时花粉壁和花粉发育异常，导致典型的花粉败育现象。

（三）花粉囊壁蜡质形成相关的普通核不育基因

水稻花粉囊壁最外层由一层蜡状的角质层组成，角质层在保护水稻花粉囊发育过程中起着非常重要的作用，如抵御各种逆境胁迫，防止病菌感染和水分散失等。最近，已有影响蜡质形成的水稻核不育基因的报道。例如，*wda*1（wax deficient anther1）基因参与长链脂肪酸合成途径，调控脂质合成和花粉壁的发育，主要在花粉囊的表皮细胞中表达。*wda*1突变体花粉囊角质层蜡质晶体缺失，小孢子发育严重延迟，最终导致雄性不育（Jung K. H.，2006）。*CYP*704B2属于细胞色素P450基因家族，在脂肪酸的羟基化途径中起重要作用，它主要在绒毡层细胞和小孢子发育的第8～9时期表达。*CYP*704B2突变体绒毡层发育缺陷，花粉囊和花粉外壁发育受阻，导致花粉败育（Li H.，2010）。*DPW*（defective pollen wall）基因编码一个核心的脂肪酸还原酶，主要在绒毡层和小孢子处表达，*dpw*突变体花粉囊蜡质单体显著减少，花粉粒皱缩退化，导致花粉败育（Shi J.，2011）。*MADS*3是一个与花发育相关的同源异形C类转录因子，主要在花粉囊发育晚期的绒毡层和小孢子处表达，调控花粉囊晚期发育和花粉的形成。*Mads*3-4突变体花粉囊细胞壁发育缺陷，小孢子发育不正常，花粉囊中活性氧的动态平衡紊乱，导致雄性完全不育（Hu L.，2011）。

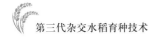

第三节 普通核不育中间材料的创制

一、普通核不育突变体的利用策略

普通核不育被认为是理想的杂种优势利用工具，但由于繁殖问题尚不能很好地解决。目前推广使用的水稻为质-核互作不育材料和光-温敏核不育材料。前者由于种质资源有限、转育周期长，后者受环境温度和光周期等条件的影响，使得杂种优势的潜力得不到更大的发挥。自1966年袁隆平报道不育水稻后，相继发现了许多不育材料。其中，普通核不育材料的特点是不育性败育彻底，遗传简单，在水稻、小麦、玉米等农作物杂种优势利用上具有诸多突出优点：不育性多由一对隐性核基因控制，不受遗传背景的影响，理论上任意品系都可转育为不育系；花粉败育彻底，不育性稳定，不易受环境条件影响；任何正常可育品系都可恢复其育性而成为其恢复系；不育性稳定、杂交制种安全，易于配制高产、优质、多抗组合。其缺点是无法实现不育系种子的批量繁殖。针对这一问题，科学家们一直在研究利用分子设计方法解决不育系繁殖的难题，也先后提出了一些解决方案。目前利用基因工程解决普通核不育的繁殖主要有以下3种策略：筛选标记基因与育性基因连锁策略，育性基因条件表达策略，质体转化策略。

（一）筛选标记基因与育性基因连锁策略——SPT技术

1993年6月11日，PLANT GENETIC SYSTEM 公司（Albertsen M. C.，2006）提出了一项PCT专利申请，该专利提出了一种技术思想：在纯合的雄性不育植株中转入连锁的育性恢复基因、花粉失活（败育）基因以及用于筛选的标记基因，可以获得该雄性不育植株的保持系，保持系通过自交就可以实现不育系和保持系的繁殖。2002年，Perez-Prat等（2002）提出，除了利用上述3套元件的思想可以实现不育系创制和繁殖以外，还可以通过在纯合的雄性不育植株中转入连锁的育性恢复基因和用于筛选的标记基因两套元件，由此也可以获得该雄性不育植株的保持系，并进一步繁殖不育系。这些报道提出了利用分子生物学技术手段解决隐性核雄性不育基因及不育材料的繁殖问题，为开展分子设计杂交育种提供了新的思想。

其基本原理：将花粉育性恢复基因、花粉失活（败育）基因和标记筛选基因作为紧密连锁的元件导入隐性核雄性不育突变体中，其转基因后代育性得到恢复，获得核雄性不育突变体的保持材料。保持系在自交时可以产生两种花粉，一种同时含有转基因元件和突变基因，另一种含有突变基因但不含转基因元件，这两种花粉的比例为1∶1。由于转基因元件上带有花粉败育基因，故该花粉不能正常发育、受精，只有不含转基因元件的花粉可以正常发育、受精进而结实。因此，保持系结出的种子有可以恢复花粉育性的转基因种子和保持花粉不育特性的非转基因种子，通过标记筛选如荧光分选等技术将这两种类型的种子进行区分，其中带有转基因元件的种子可育，作为保持系用于不育系的繁殖，而不带转基因元件的种子为不育系，用于杂交制种。2006年，美国杜邦先锋公司在上述技术思想的基础上，率先在玉米中实现了基于核不育突变材料的种子生产技术（Albani，D.，2001），命名为seed production technology（SPT）技术，并于2011年6月被美国USDA解除转基因管制审批。

利用基因工程手段是将水稻花粉育性恢复基因、花粉致死基因、筛选标记基因紧密连锁，并导入核不育突变体，从而得到相应的保持系，有效解决了隐性核雄性不育系的繁殖难题。花粉育性恢复基因、花粉致死基因、筛选标记基因3个基因的组装和转化流程如图3-1所示。该系统自交产生两种花粉，其中可育花粉和花粉致死基因的紧密连锁可以防止转基因花粉漂移。转基因株系自交产生不育和可育两种类型的种子，分别充当不育系和保持系。通过荧光色选技术，可以将带颜色的保持系种子筛选出来，用于繁殖后代，而分离的不育系种子不含转基因成分，用于作物杂交育种和杂交制种。

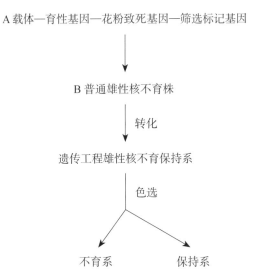

A 载体—育性基因—花粉致死基因—筛选标记基因

↓

B 普通雄性核不育株

转化

遗传工程雄性核不育保持系

色选

不育系　　　　　保持系

图3-1　第三代杂交水稻育种策略

2010年，在中国科技部"国家高技术研究发展计划"的支持下，该技术首次在水稻中得到了证实和应用，被称为"智能不育系杂交育种技术"（邓兴旺，2016）或"第三代杂交水稻技术"（袁隆平，2010）。该技术利用可以稳定遗传的隐性雄性核不育材料，并通过转入育性恢复基因用于恢复花粉育性，而转入的花粉败育基因使含转基因元件的花粉败育，借助荧光分选技术可以快速分离不育系和保持系两种类型的种子。

第三代杂交水稻技术是传统育种方法与现代生物技术的成功结合，将提高水稻雄性隐性核不育基因的利用率。该技术中的智能不育源可将优良常规稻、三系以及两系的不育系（或父本）快速改造成智能不育系。智能不育系配组自由，杂交制种安全。第三代杂交水稻技术和常规转基因育种、常规杂交育种相比，其突破在于以下几点：智能不育系不育性稳定，遗传背景和环境因素对其影响较小，克服了三系不育系因高温诱导花粉可育以及两系核不育系因低温诱导可育的育性不稳定而造成的安全风险；该不育系不育性状遗传行为简单，且不受遗传背景影响，便于开展优良性状的聚合育种，从而快速选育出优质、高产、多抗且适于各种生态条件的杂交组合，扩大杂交水稻的适应区域；育性恢复基因与花粉败育基因在转基因过程中紧密连锁，从而阻断了转基因成分通过花粉方式漂移，进而实现利用转基因手段生产非转基因的不育系种子和杂交稻种子；该技术体系对未成功应用的三系法和两系法的作物开展杂种优势利用提供了可能。

此外，SPT技术还进一步拓宽杂种优势利用配组亲本的选择范围，对未来育种研究带来深刻影响，值得重视和关注。

（二）育性基因条件表达策略

条件型雄性不育系用于配制杂种的基本条件：制种过程败育彻底，且年际稳定；繁殖过程自交结实率高（Attia K.，等，2005）；育种转换界限明显；需要施用的化学诱导剂较为安全可靠。*OsPDCD5*是一个水稻程序性死亡基因，*OsPDCD5*的过量表达可以导致水稻幼苗期死亡，Wang等（2010）利用反义技术下调*OsPDCD5*在光敏粳稻品种的花中的表达，获得可逆型雄性不育转基因植株，其不育性由光周期调控。在长日照（≥13.5h光照）条件下，转基因植株的花粉几乎全部败育。花粉育性随着光周期的变短逐渐恢复。在短日照（11~12h光照）条件下，花粉可育率恢复到70%~80%，结实率与对照相近。

有研究认为基于位点特异性重组技术的基因开关与特异性表达的启动子的调控系统能被应用于解决普通核不育的繁殖问题。位点特异性重组系统一般由重组酶和能被重组酶特异性识别的核苷酸序列组成，Cre/lox P和Cre/lox R系统是常用的植物转基因特异性位点重组系统。重组酶识别到两个同向的识别位点后，将对识别位点之间的DNA片段进行精确删除，该系统可以用于控制一个特定基因的表达。王勇等（2010）用花粉特异性启动子驱动*Cre*基因，并在lox P位点间设计阻遏片段，其后连接由花粉特异性启动子控制的细胞毒素*barnase*基因，将两个载体分别转化具有优良农艺性状的农作物，获得两种可育的转基因作物，它们杂交后，由于Cre重组酶将lox P位点间的阻遏片段特异性删除，细胞毒素*barnase*基因能够行使功能，产生不育后代。李新奇等（2003）认为在将lox P位点加在育性基

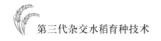
因两端，导入普通核不育株，恢复不育株的育性，并将由重组酶基因和它受化学药物控制（如四环素）的抑制基因组成的基因开关系统同时导入。当抑制基因工作时，重组酶不能产生，植株表现为可育；当四环素调控抑制基因不表达时，重组酶能正常工作，育性基因被切除，可产生不育系种子（图3-2）。由于生产中繁殖、制种、大生产的比例一般为1∶200∶50 000，即亩繁殖田繁殖的不育系可供应亿亩大生产所需种子，所以化学药物使用应该不会限制本技术的发展与应用。

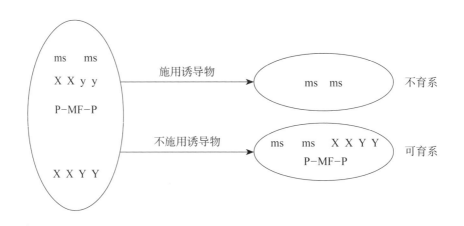

图3-2　位点特异性重组技术的应用

P. 重组酶识别位点；X. 重组酶基因；Y. 重组酶抑制基因；
y. 被抑制的重组酶抑制基因；ms. 不育基因；MF. 可育基因

（三）质体转化策略

叶绿体通过细胞质的母系遗传来实现遗传信息的传递，因此当外源基因被导入叶绿体后，将不会随花粉扩散，降低基因漂移的环境风险，实现安全转基因。此外，叶绿体转化还具有定点组合、高效表达、无位置效应和原核表达等特点，被认为是开创作物杂种优势利用的新途径。Ruiz等以受光照调节的启动子（*psb* A的启动子）及其调控元件在驱动脂肪酸合成途径中，与内源的乙酰辅酶A羧化酶竞争的β-ketothiolase的*pha A*基因，此载体导入叶绿体后，将干扰脂肪酸合成途径，使小孢子发育过程受阻，最终导致雄性不育。由于*pha A*基因的表达是受光照调控的，在连续10d以上的光照条件下，*pha A*基因的表达受抑制，内源的乙酰辅酶A羧化酶的表达占优势，植株变现为可育。将普通核不育的可育基因转移到相应的水稻普通核不育突变体的叶绿体中，使育性基因得到表达，叶绿体转基因植株可能表现为可育。以该基因的不育株作母本，质体转化可育株作为父本，可能产生细胞核和细胞质组成与不育株完全相同的不育株，即可实现普通核不育的繁殖（图3-3）。再利用不育株与优良亲本材料进行配组，选育理想的杂交稻组合（Ruiz O. N.，2005）。

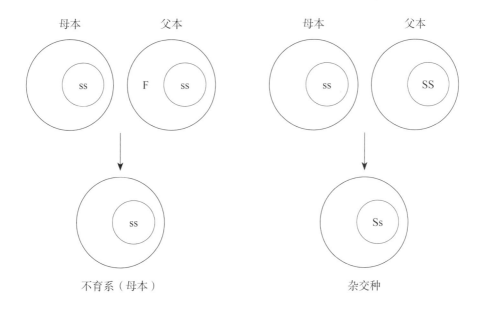

图3-3　质体转化途径利用隐性核不育基因

　　在水稻育种研究中，相继发现了许多不同类型的普通核不育材料，虽然这些普通核不育材料具有不育性稳定，易于配制高产、优质、多抗杂交组合的共同特点，但缺点是难以实现不育系种子的批量繁殖。利用可育品种与普通核不育株杂交，在其后代群体中可获得一定分离比例的普通核不育株，但无法对不育株种子和可育株种子进行直接分选。因此，普通核不育系的批量繁殖问题成为其生产应用的障碍。

现代遗传工程技术日趋完善，为解决这一问题提供了可能的途径。水稻育种家们一直在探索解决普通核不育系的繁殖问题，提出了多种方案。比如，对于代谢过程的关键基因突变导致花粉功能异常的雄性不育，可能通过施加缺失的代谢中间产物（比如脂肪酸、氨基酸、黄酮等物质），使突变体不育植株的育性得以恢复进而繁殖。获得雄性不育植株后，定位克隆其育性恢复基因，通过一些条件（比如诱导性）来控制启动子对育性恢复基因遗传表达的调控，并将之当作一种互补基因正常转入雄性不育植株。此时，如果不提供适合的特定启动子表达条件，则植株的育性恢复基因无法表达，便可作为不育系；若提供适合的特定启动子表达条件，则植株的育性恢复基因正常表达，育性恢复从而可以成功繁殖。除此之外，还可以利用启动子驱动植株本身内源育性基因的一些抑制因子作用，从而达到上述相同目的。由于这些雄性不育系的育性转换在实际生产中很难被完全精确控制，且不育系含有转基因成分，而转基因安全问题又一直备受质疑，这一系列情况导致上述方案都没能真正得以推广和应用。

二、水稻普通核不育中间材料的创制

将普通核不育的育性基因与能够被精确分选的荧光标记性状基因紧密连锁，使得可育与标记荧光这两个性状实现共分离，便可实现普通核不育的繁殖。具有可育-标记荧光的普通核不育繁殖工具被袁隆平院士命名为"中间父本"，原理如图3-4所示。

在中间父本途径中，外源基因成分仅保留在中间父本中，产生杂种优势的不育系与恢复系不需要经过任何形式的转基因处理，杂交种子也可以进行正常的大田生产。育种家可以通过杂交方式将中间父本对应的一对普通核不育基因转移到任何品种中，且任何品种（非该基因的突变体）都可以作为其恢复系，这将全面扩展水稻杂种优势的利用水平。

利用水稻隐性核不育基因*TDR*与增强型绿色荧光蛋白EGFP，构建水稻工程核不育中间父本的功能载体，并对其进行遗传转化，创制了水稻工程不育系的基础材料。

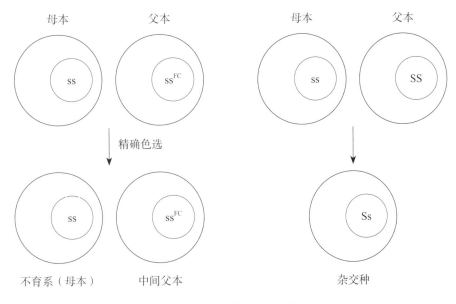

图3-4　中间父本策略原理

（一）水稻普通核不育突变体筛选

1.水稻显性细胞核雄性不育

植物雄性不育是指两性花植物的雌性生殖器官正常，雄性生殖器官丧失了生育能力而不能产生功能性花粉，是植物界一种普遍存在的现象。迄今已在43个科162个属的617种植物中发现了这一现象，其中包括水稻、小麦、玉米、油菜和棉花等重要大田作物。

随着分子生物学发展，水稻籼粳两亚种基因组框架图已绘制完成（Yu J.，2001），水稻的研究重点由结构基因组向功能基因组转移。水稻突变体的筛选、获得就显得比以往任何时候更为重要，是功能基因组研究的基础。

早在20世纪20年代就有关于水稻雄性不育的报道，之后，国内外相继发现了许多不同遗传类型的水稻雄性不育材料，但绝大多数为隐性核不育，包括目前杂

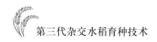

交水稻上广泛应用的核质互作型雄性不育、光温敏隐性核不育以及用于水稻轮回选择的单基因隐性核不育，只有极少数为显性核不育。虽然Salaman在1910年就报道了马铃薯雄性显性核不育的现象，但迄今为止，仅在十余种作物上发现了24例显性核不育材料，其中我国发现12例（小麦2例，水稻5例，谷子1例，油菜2例，亚麻1例，大白菜1例）。这些显性核不育的发现，不仅极大地丰富了作物种质资源，而且显性核不育在常规育种等方面具有不可比拟的优势。迄今仅报道了5份水稻显性核不育材料（表3-2），即萍乡显性核不育、低温敏显性核不育和三明显性核不育等水稻材料（李文娟，2009）。

表3-2　种显性核不育水稻材料

显性核不育来源	产生方式	基因名称	基因作用类型	报道文献
萍乡显性核不育	杂交后代	*Ms-p*	基因互作型	颜龙安等，1989
8987低温敏显性核不育	杂交后代	*TMS*	单基因控制	邓晓健和周开达，1994
三明显性核不育	杂交后代		单基因控制	黄显波等，2008
浙9248突变体M1	人工诱变		单基因控制	舒庆尧等，2000
Orion突变体1783和Kaybonnet突变体1789	人工诱变		单基因控制	朱旭东和Rutger，2000

萍乡显性核不育水稻属早籼中熟类型，全生育期为120d左右，株高77.6cm，柱头外露率为77.9%，天然异交结实率为50%，不育株稍包颈，较可育株矮3~5cm、抽穗迟2~3d，易于区别，花药瘦小，呈乳白色，典败型，一般不开裂，但在幼穗分化期遇持续高温有少量自交结实，雌蕊正常，柱头外露好，异交结实率高。

8987低温敏显性核不育属于典型温敏型败育，表现为较低温不育、较高温可育，8987低温敏显性核不育及其F1的温度敏感期大致在花粉母细胞形成期至花粉单核期，其临界温度为24～27℃。如果在温度敏感期连续3d在24℃以下，8987低温敏显性核不育和F_1表现完全不育，抽穗时花药瘦小干瘪、白色，不裂药散粉，败育彻底；27℃以上育性基本正常；24～27℃呈现不同程度的败育，其败育期花药瘦小，白色水渍状，不明显散粉，花粉败育类型以典败为主（邓晓健，1994；李仕贵，1999）。

显性核不育败育的花药形态特别。在开放的颖花中，花丝、花药细小，几乎呈线型，白色，花药不开裂，柱头白色、发达，外露极好。在未开放的颖花中，花丝和花药细小，位于柱头下方，小而隐蔽。株高90cm左右，茎秆中粗，有顶芒，白尖，包茎，穗长21cm，粒长约5mm，粒宽约4mm。对该不育材料的初步观察，均未发现高温和低温可育现象，花药败育形态保持原状不变，花粉育性镜检未发现典败、圆败或成熟花粉粒，不育株套袋自交不结实，不育株为无花粉型，其育性不随光照长度和温度而发生改变（黄显波，2008）。

在浙9248的M1群体中，不育株花药瘦小，干瘪。浙9248M1经I-KI染色后显微检查发现，M1花粉有正常可育，也有典败、圆败、染败等多种类型。与结实率相似，株间、穗间及枝梗间花粉可育度差异较大，但同一小花的不同花药间花粉育性差异较小（舒庆尧，2000）。

Orion突变体1783和Kaybonnet突变体1789的花药外观与其亲本相比，花药颜色偏淡黄，花药形状偏瘦小，其花粉染色情况如图3-5所示。扬花期间目测花药形态可以区别出正常可育株与雄性不育株。Orion突变体1783和Kaybonner突变体1789自然结实率分别为27.4%和32.9%，套袋结实率分别为3.5%和0.3%（朱旭东，2000）。

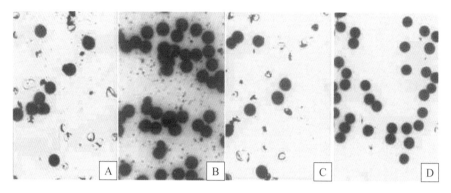

图3-5　突变体1783（A）与亲本Orion（B）、突变体1789（C）与亲本Kaybonnet（D）
　　　　的花粉染色情况
　　　　（朱旭东，2000，原资料图中未标A、B、C、D）

2. 水稻隐性细胞核雄性不育

研究发现，H2S花粉母细胞在开始发育到减数分裂完成，形成小孢子的过程是完全正常的，其花粉败育发生在四分体结束形成小孢子后。在四分体后刚形成小孢子时，小孢子的发育出现异常，没有正常液泡化，体积也没有明显增大，而是逐渐开始细胞质的降解，然后开始细胞核的降解，最终解体和消失，是花药毡绒层组织延迟退化造成不育的，其花药镜检如图3-6所示（王玉平，2007）。对渝矮ms的研究（宋文祥，1989）和对华矮15的研究（徐树华，1982）结果一致，都是花药毡绒层组织提前退化，引起小孢子营养物质供应失调，从而导致花粉不育。

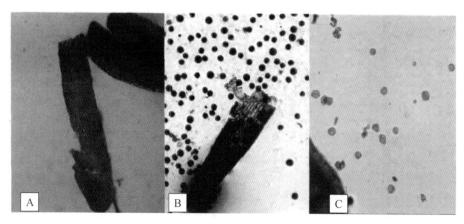

图3-6　H2S的花药镜检
A. H2S的花药　B. H2Sw的花药　C. 珍汕97A的花药

遗传效应研究表明，水稻核不育位点已超过45个，刘海生等（2005）将OsMS-L基因座位定位在第2条染色体的LHS10和LHS6之间；王莹等（2006）将mspl-4定位于第1条染色体的wy4与wy-8之间；江华等（2006）将OsMS 121定位于第2条染色体的R2M16-2与R2M18-1之间；王玉平等（2007）将H2S中的核不育基因进行了精细定位，与RM6071、RM20424、RM20429的遗传图距分别为2.4cM、1.2cM和0.6cM，定位结果如图3-7所示。

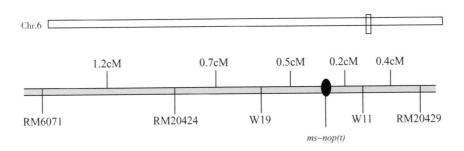

图3-7　*ms-nop*（*t*）的分子标记连锁

孙小秋研究发现，802A突变体的花药瘦小、干瘪，不开裂，外观呈乳白色，花粉以典败为主，属于普通雄性不育类型。同时，该突变体还表现颖壳变细、扭曲，剑叶变短、变窄、内卷等特征。其植株形态、稻穗、籽粒如图3-8所示。遗传分析表明，802A的雄性不育性状由1对隐性核基因控制。该不育突变基因〔*ms*92（t）〕定位于第3染色体长臂的SSR引物RM3513附近，InDel标记S2和S5之间，该基因与这2个InDel标记的遗传

图3-8　A. 802A突变体（右）与其近等基因系802B（左）的植株形态；
B. 802A（右）与802B（左）的稻穗；
C. 802A（下）与802B（上）的籽粒。

距离分别为0.6cM和0.3cM，并且与InDel标记S3和S4在167株F$_2$不育单株中共分离（孙小秋，2011）。其遗传连锁如图3-9所示。

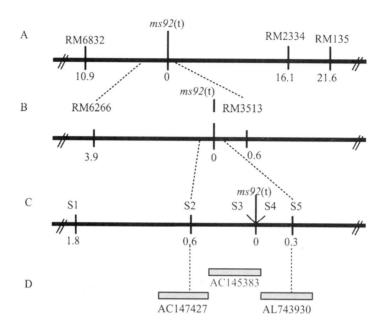

图3-9 雄性不育基因*ms*92（*t*）在水稻第3染色体长臂上的分子连锁

A. 利用（802A/Ⅱ-32B）F₂定位群体，将*ms*92（*t*）定位在第3染色体长臂SSR标记
RM6832和RM2334之间；B. 利用（802A/02428）F₂定位群体，将*ms*92（*t*）进一步定位在
SSR标记RM6266和RM3513之间；C. ms92（t）最终定位在InDel标记S2和S5之间，并且
与InDel标记S3和S4表现共分离；D. 定位区间长度约为244 kb，包括3 个BAC

3. 核不育突变体的获得

突变体是承载和表达遗传变异的载体，通过创建突变体库可以对水稻基因组进行系统的功能分析。创建水稻突变体库的方法主要是自然筛选和人工诱变。

在自然界中宇宙射线存在电离辐射及其他理化因素使水稻细胞核发生突变，导致雄性不育。012S-3突变体就是武育粳3号与合川糯杂交后代的自然突变体，该突变体是一个典型的无花粉普通型雄性不育材料，其不育性状受1对隐性核基因控制（欧阳杰，2015）。

物理和化学诱变都能在植物基因组中产生单碱基突变、DNA片段插入缺失、染色体重排等变异。用物理和化学诱变创建水稻突变体库有两大优点：一是不需要转基因步骤，操作简便，不受籼粳基因型限制；二是能在基因组中造成随机分布的多个突变，只需较小的群体就能完成基因组饱和突变。过去，利用物理和化学诱变突变体鉴定基因需要用费时费力的图位克隆方法，极大限制了物理和化学诱变突变体的使用效率。随着定向诱导基因组局部突变、MutMap等高通量基因型鉴定技术的出现，这一限制已被有效解除（Till B. J，2007；Suzuki T.，2008；Abe A.，2012；Fekih R.，2013）。

植物诱变育种采用的诱变因素包括理化因素和化学诱变剂。物理因素有X射线、γ射线、中子、紫外线、激光、电子束等，用的较多的是X射线、γ射线和中子。舒庆尧等（2000）通过γ射线诱变早籼品种浙9248的方法培育出了由细胞核内单基因控制的新显性雄性不育系。彭选明等（2006）利用航天诱变与辐射诱变相结合的方法育成了1个两系杂交水稻新组合"培两优721"、一批优质水稻新种质资源和新品系。王莹等通过对粳稻9522辐射诱变的方法，获得了隐性雄性不育突变体msp1-4。龙湍（2016）通过辐射诱变籼稻93-11创建突变体库。包括空间诱变产生的水稻核雄性不育突变体ws-3-1（易继财，2007）和新育成的反向核不育水稻FHS（王会峰，2009）都是通过物理诱变的方法获得的。

化学诱变是指通过化学诱变剂的作用来改变生物体的遗传物质的结构，从而使其后代产生变异的一种诱变方法。常用的化学诱变剂主要有5-BU、BUdR、AP、N和S芥子等，但能够实际用于栽培稻作物育种的真正有效的化学诱变剂仅有EMS、DES、EI以及R-NO$_2$等几种。其作用原理主要是使碱基发生转换和颠换，或者造成DNA的复制发生紊乱，从而改变水稻的育性。化学诱变具有其独特的优势，如可以发生点突变，改变碱基的类型，甚至有些化学诱变剂具有较强的专一性等特点。陈绍江（2002）通过EMS花粉诱变获得高油玉米突变体；张瑞祥（1985）利用链霉素诱变处理的方法获得了水稻细胞质雄性不育突变体；高泰保（1982）用EI（0.5%，V/V）和X射线的方法处理水稻品种的干种子，在M2至M4代筛选出雄性不育突变体。

水稻突变体是进行水稻功能基因组学基础研究和水稻分子设计育种的重要材料。常规的水稻突变体来源于自发突变或化学、物理及生物的诱变，具有很大的随机性和局限性，不能满足大规模的水稻功能基因组学研究和水稻分子设计育种

的需求。而CRISPR/Cas9基因组编辑技术和高通量的寡核苷酸芯片合成技术可以大规模地对水稻全基因组进行编辑，实现水稻突变体的高通量构建和功能筛选。该研究通过农杆菌介导的水稻遗传转化法，以水稻中花11作为受体材料，对水稻茎基部和穗部高表达的12 802个基因进行高通量的基因组编辑，获得了14 000余个独立的T_0代株系，并对它们的后代进行了部分表型和基因型分析鉴定。这些研究表明，利用CRISPR/Cas9基因组编辑技术大规模构建水稻突变体库（图3-10）并进行功能筛选是高效便捷获得水稻重要突变体和快速克隆对应基因的有效方法，同时能够为水稻分子设计育种提供重要的供体材料（Hu X.，2017）。

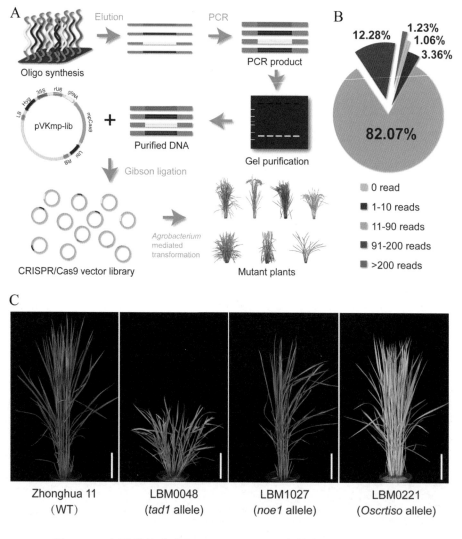

图3-10　高通量构建水稻CRISPR/Cas9突变体库（Hu X.，2017）

插入突变是利用T-DNA、Ac/Ds、En/Spm、Tos17、nDART/aDART等水稻内外源插入元件插入基因组，通过敲除或激活基因功能来创制突变体（Nili Wang，2013）。插入突变最大的优势在于插入元件的序列已知，可以便捷地通过分离和分析插入元件的侧翼序列来确定插入位点和突变基因。目前，国内外研究者已使用不同插入元件创建了多个水稻插入突变体库（Jeong D. H.，2002；Miyao A.，2003；Wu C.，2003；Kolesnik T.，2004；Sallaud C.，2004；Hsing Y. I.，2007；Fu F. F.，2009），这些突变体库包含了约675 000个突变体株系，这些株系中76.9%的水稻蛋白编码基因可以通过检索侧翼序列找到相应的突变体（Wei，2013）。然而，由于插入突变体的产生一般要经过组织培养和转基因过程，现有主要插入突变体库都选择了粳稻品种建库。因为组织培养造成了大量体细胞变异，真正由插入元件造成的突变只占到5%~10%，这降低了后续基因鉴定工作的效率（Wang，2013；Wei，2013）。此外，大部分插入突变体因包含外源转基因元件而涉及转基因品种商业化问题，无法直接用作育种材料。通过组织培养和诱变结合，不仅能诱变筛选出高产、优质的品种，还能高频诱发优良不育系。影响筛选离体雄性不育突变体的因素有以下几个方面：

① 不同世代、不同品种有差异。

1984—1990年连续7年间，在起源于体细胞及花药培养的R1和R2代无性系中共发现雄性不育突变111例，其中R_1代34例、R_2代77例，突变频率在R_2代（20%）高于R_1代（1%），不同品种之间的雄性不育诱导频率亦不相同，如IR54变异频率最高，而IR36等品种则没有雄性不育突变。通过水稻离体幼穗培养，在5个品种中获得了50株雄性不育突变株，其中R_1代48株、R_2代2株，R_1代突变频率为0.91%，R_2代为0.2%；而农垦58S和珍汕97A没有发现雄性不育突变体。这表明基因型是影响雄性不育突变体的重要因素。

② 起源于花药愈伤组织的变异频率较高，平均为4.38%，而起源于幼穗及成熟种子的变异频率较低，为1.3%~3.13%。

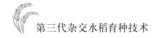

③ 继代时间越长，发生突变的频率就越高。

如经历5～9次继代培养分化出来的植株中发生雄性不育突变频率比仅经历4次以下继代培养高十多倍。经历4～6代的愈伤组织分化出来的植株中，发生雄性不育突变的频率比仅经历3次以下继代培养高3倍多。

④ 不同世代、不同培养基的成分所致。

IR26、青二矮和桂朝2号等三个品系，其R2代体细胞无性系雄性不育变异频率在1988年比1987年显著提高，而这两年所使用的培养基的某些关键成分不同，估计是培养基中这些不同成分造成的。培养基中的激素特别是2，4-D可能引起体细胞无性系变异。外植体经过脱分化、再分化形成再生植株，才有雄性不育变异，这说明外植体的脱分化、再分化是产生雄性不育变异所必需的，而导致脱分化的关键因素是2，4-D。可以说2，4-D是导致雄性不育变异的因素之一。但是未发现其他培养基成分与雄性不育变异的直接联系。

⑤ 培养过程中用理化因素处理。

在体细胞无性系变异过程中用理化因素处理可以提高雄性不育突变频率。不同品种水稻在不同发育时期，用不同剂量的137Cs-γ射线处理，结果表明，用剂量为2.58C/kg（1 000R）的137Cs-γ射线处理带绿点的愈伤组织效果最好。用离体诱变技术可以在较短时间（2～3年）产生水稻雄性不育系，而且诱发频率较高，平均为0.5%～6%。用体细胞无性系变异亦可获得雄性不育系，不过频率低，而且品种间机遇性较大。因此，相比之下，离体诱变技术对产生雄性不育系可能具有速度快、频率高、效果好的特点。

⑥ 植株再生方式有影响。

一般而言，长期营养繁殖的植株变异率高，有人认为是由于在外植体的体细胞中已经积累着遗传变异。通过愈伤组织分化不定芽的方式再生植株变异较多，而通过分化胚状体途径再生植株变异较少，这说明植株再生方式对变异有影响。

刘选明研究发现，以幼穗和成熟胚为外植体经组织培养成功建立了体细胞无性系，结合愈伤组织多代培养和化学物质诱导，获得了高达40%的体细胞无性系变异，并从中选育出遗传稳定的株1S矮秆突变体SV5、SV10、SV14。鉴定结果表明，矮秆突变体SV14是矮化了的光温敏核不育系，其变异株系的育性与株1S完全同步，起始温度比株1S略低，如表3-3所示，敏感期用20℃冷水灌溉处理10d，其育性即可得到恢复（刘选明，2002）。

表3-3　SV14的育性表现

年份	不育系	不育系起止日期（月/日）	历期（d）	自交结实率（%）
2000	SV14	06/29—09/17	94	35.5
	株1S（CK）	06/29—09/16	93	42.5
2001	SV14	06/19—10/03	106	45.6
	株1S（CK）	06/20—10/04	107	45.1

（二）水稻育性基因的克隆和功能研究

植物基因克隆是当前植物学研究的前沿和热点。目前，用于分离植物目的基因的方法很多，其中图位克隆技术已经成功分离数百个植物基因，成为分离克隆目的基因常用且有效的方法之一。水稻 *ostd*（t）、*pda*1和 *vr*1等突变体中的隐性核雄性不育基因已被精细定位（Zhang Y.，2008；Hu L. F.，2010；Zuo L.，2008）。上述隐性核不育材料败育得比较彻底，且不育性不受环境影响，任何常规品种均可以作为其恢复系，所以具有很大的育种利用价值。但是，按照传统的育种方法，这些隐性核不育材料不能有效地保持和繁殖下去，因而很难被利用。此外，*dyt*1、*ms*1、*ms*2和 *myb*33等隐性核雄性不育基因在水稻中的同源基因经证实也是核不育基因，而通过序列比对，其他拟南芥隐性核不育基因以及玉米和番茄中隐性核不育基因在水稻中的相应同源基因也都能被找到（Zhang W.，2006；

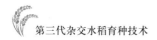

Wilson Z. A.，2001；Aarts M.，1997；Millar A. A.，2005；Aarts M.，1995），目前已有超过20个水稻隐性核雄性不育基因被克隆（表3-4）。通过生物技术途径将这些水稻中的同源基因进行定点突变，创制更多的在杂交育种和生产上能利用的隐性核不育系材料，为今后的水稻分子设计育种提供更多可供选择的基因资源。

表3-4　已克隆的水稻隐性核雄性不育基因

核不育基因	对应育性基因编码的蛋白	对应育性基因功能
msp1	LRR类受体激酶LRRkinase	小孢子早期发育
pair1	Coiled-coil结构域蛋白	同源染色体联会
pair2	HORMA结构域蛋白	同源染色体联会
zep1	Coiled-coil结构域蛋白	减数分裂期联会复合体形成
mel1	ARGONAUTE（AGO）家族蛋白	生殖细胞减数分裂前的细胞分裂
pss1	Kinesin家族蛋白	雄配子减数分裂动态变化
tdr	bHLH 转录因子	绒毡层降解
udt1	bHLH 转录因子	绒毡层降解
gamyb	MYB转录因子	糊粉层和花粉囊发育
ptc1	PHD-finger转录因子	绒毡层和花粉粒发育
api5	抗凋亡蛋白5	延迟绒毡层降解
wda	碳裂合酶	脂质合成和花粉粒外壁形成
cyp704B2	细胞色素P450基因家族	花粉囊和花粉外壁发育
dpw	脂肪酸还原酶	花粉囊和花粉外壁发育
mads3	同源异形C类转录因子	花粉囊晚期发育和花粉发育
osc6	脂转移家族蛋白	脂质体和花粉外壁发育
rip1	WD40结构域蛋白	花粉成熟和萌发

核不育基因	对应育性基因编码的蛋白	对应育性基因功能
csa	MYB转录因子	花粉和花粉囊中糖的分配
*aid*1	MYB转录因子	花粉囊开裂

（三）花粉致死基因的分离

致死基因分为显性致死基因和隐性致死基因。基因的致死作用在杂合体中即可表现的称为显性致死基因；致死作用在纯合状态或半合子时才表现，即致死作用具有隐性效应，而与基因自身的显、隐性无关，这类致死基因称为隐性致死基因。花粉致死基因是指在花粉发育过程中一旦突变将导致花粉不能正常发育的基因，花粉不具有育性。花粉败育的原因：花粉母细胞不能正常进行减数分裂，出现多极纺锤体或多核仁相连，产生的孢子不能形成正常花粉，花粉发育停滞在单核或双核阶段，营养不良致花粉发育不健全等。

目前已经证实的且应用比较多的花粉致死基因主要有玉米花粉自我降解基因*ZmAA*、小麦花粉致死基因*Ki*。*ZmAA*基因是被较早报道的，也是应用比较广泛的，2010年杜邦先锋率先将其应用到了SPT技术中，实现了用转基因手段和元件来生产不含转基因元件的玉米。随着这一技术的发展和不断完善，国内很多育种专家也将此技术运用到玉米、水稻等物种中来。2017年，北京科技大学万向元团队与北京市农林科学院赵久然团队合作，通过系统的遗传学、细胞学、分子生物学等技术途径，成功地创建了玉米多控不育体系，在玉米不育系创制与杂交种生产上具有重要应用价值。同年，北京大学邓兴旺团队也成功地将SPT技术应用到了水稻品种黄华占中，成功地创建了黄华占OsNP1的不育系。小麦花粉致死基因*Ki*主要应用于分子标记辅助选择，在不育系创制方面的应用还未见报道。

水稻隐性核雄性不育材料在杂交育种和水稻生产上都具有十分重要的意义。但是，由于缺乏有效的保持和繁殖技术体系，该类不育材料一直未能获得充分利用。而现代分子与生物技术的快速发展为这些隐性核雄性不育基因的有效利用提

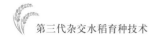

供了机会。

（四）荧光标记基因的分离与功能验证

标记基因是一种已知功能或已知序列的基因，能够起着特异性标记的作用。在基因工程意义上来说，它是重组DNA载体的重要标记，通常用来检验转化成功与否；在基因定位意义上来说，它是对目的基因进行标志的工具，通常用来检测目的基因在细胞中的定位。

选择基因和报告基因都可以看作标记基因，都起着标记目的基因是否成功转化的作用，但是它们又有着各自的特点。选择基因主要是一类编码可使抗生素或除草剂失活的蛋白酶基因，这种基因在执行其选择功能时，通常存在检测慢（蛋白酶作用需要时间）、依赖外界筛选压力（如抗生素、除草剂）等缺陷。报告基因是指其编码产物能够被快速测定且不依赖于外界压力的一类基因。理想的报告基因通常具备以下基本要求：受体细胞不存在相应内源等位基因的活性；它的产物是唯一的，且不会损害受体细胞；具有快速、廉价、灵敏、定量和可重复性的检测特性。目前常用的报告基因有氯霉素乙酰转移酶基因（*cat*）、荧光素酶基因（*luc*）、β-葡萄糖苷酸酶基因（*gus*）等。

红色荧光蛋白（red fluorescentprotein，RFP）是从香菇珊瑚中提取的一种与绿色荧光蛋白同源的生物发光蛋白（图3-11）（Chen J.，2008），1999年被发现，其红色荧光具有较强的组织穿透力，最大激发波长为558nm，最大发射波长为583nm。*DsRed*2是Clontech公司对*DsRed*进行连续定点突变的人工突变体，与*DsRed*相比其成熟率有了较明显的提高，减少了N端的净电荷，降低了寡聚化。它不仅

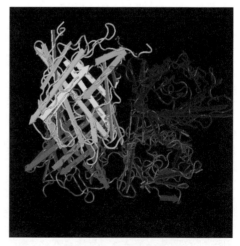

图3-11　RFP空间结构

具有GFP（绿色荧光蛋白）可在活体中连续检测等优点，而且在激发光照射下呈现红色，可降低检测植株中叶绿素等色素的干扰，在细胞内荧光效率和信号比较高，更易检测；激发波长和发射波长较长，具有对动植物组织损伤小、光漂白作用低等优点，更适用于深层组织器官的活体成像（Wang Z. F.，2013），已被广泛应用于动植物以及酵母等真核细胞内基因表达的报告基因（Yarbrough D.，2001；Jach G.，2001；刘娜等，2005；Czymmek K. J.，2002）。

利用*DsRed*荧光蛋白基因对玉米弯孢叶斑病致病菌新月弯孢进行遗传转化，成功地对玉米弯孢叶斑病菌进行了遗传标记并获得稳定遗传（Chen M. G.，2012）。将红色荧光蛋白基因*DsRed*通过农杆菌介导法转入轮枝镰孢Fv-1菌株，进一步探明轮枝镰孢和玉米之间的互作关系（Wu L.，2011）。通过对耐热木聚糖酶xynB64d的表达研究，发现*DsRed*2促进了目的蛋白可溶性表达，在包涵体复性中可作为报告蛋白（Bai Y.，2012）。使用的转基因水稻分别含有不同表达载体p1300Gt1RedTnos 和p1300ActRedTnos，来验证红色荧光蛋白基因*DsRed*在水稻各组织特别是胚乳中的表达情况，并证明了*DsRed*在水稻胚乳中能够稳定表达，并且方便检测，可以作为一个有效的报告基因用来检测水稻胚乳中外源基因是否被删除（Zhu Y. T.，2010）。高嵩等（2017）根据在GenBank中获得的*DsRed*2及其特异性启动子Ltp2的基因序列设计特异性引物，并构建筛选标记为*Bar*基因的植物表达载体pCAMBIA3300-Ltp2-DsRed2，通过农杆菌介导法转入玉米品种郑单958中，经除草剂筛选获得210株抗性植株，PCR检测得到阳性植株80株，对PCR检测呈阳性的植株进行试纸条检测，结果表明红色荧光蛋白基因已成功整合到玉米基因组中。寇田田等（2017）通过PCR的方法以质粒pPIC9k *DsRed*2为模板扩增得到*DsRed*2基因的全部编码区序列，并将其连接到克隆型载体pMG36e上，得到重组载体pMG36e-*DsRed*2；以地衣芽孢杆菌基因组为模板，扩增只带有起始密码子而不带有终止密码子的α-淀粉酶基因（amy），将其连接到克隆型载体pMG36e-*DsRed*2 上，获得融合表达载体pMG36e-*DsRed*2-amy。许明等

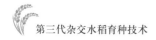

（2010）构建了一种新型的双T-DNA共转化载体，该载体含有2个独立的T-DNA结构区，以*DsRed*基因作为可视标记和选择标记基因构建在同一T-DNA区段，在转化过程中*DsRed*可以辅助筛选以提高遗传转化效率；在共转化植株的自交分离后代中，由于*DsRed*基因和选择标记基因在转基因后代植株中协同遗传，因此通过简单检测*DsRed*2基因的表达就能快速筛出含有选择标记基因的分离植株，从而减少后

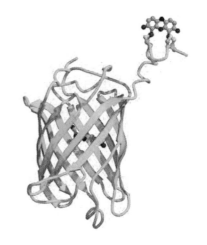

图3-12　GFP的空间结构

代筛选的工作量和费用，同时在载体另一段T-DNA区含有两段顺式重复烟草Rb7 MARs，可用来增强目的基因的稳定表达。

绿色荧光蛋白（green fluorescent protein，GFP），其空间结构如图3-12所示，该蛋白是1962年日本科学家下村脩（Osamu Shimomura）从多管水母（Aequoriavictoria）中提取水母素时发现的。GFP在紫外光下可发出强烈绿色，因此称为绿色荧光蛋白。GFP具有稳定、检测简单、灵敏度高、无生物毒性、荧光反应不需要任何外源反应底物及细胞组织的专一性等优点，因此可作为一种优良的报告蛋白，广泛用于基因的表达与调控，蛋白质的定位、转移及相互作用，以及细胞的分离与筛选等研究领域。

从多管水母中纯化的GFP（Aequoria GFP）是一个含有238个氨基酸残基的蛋白质，相对分子量约为27k，在395nm处有最大光吸收，能够吸收蓝光。当受到Ca^{2+}或紫外线激活时它发射绿色（或黄绿色）荧光，最大发射峰为509nm。GFP的性质非常稳定，其变性需在90℃或pH<4.0或pH>12.0的条件下用6mol/L盐酸胍处理。若去除变性剂，其荧光又会恢复到原有水平。

由于GFP具有稳定、无毒性、不需要外源底物等优点，GFP作为报告基因比传统的报告基因（如GUS）更具优势。GFP作为报告基因可用来检测转基因效率。将GFP基因连接到目的基因的启动子之后，通过测定GFP的荧光强度可以对该基因的表达水平进行检测。范晓静等（2007）通过GFP标记，证明BS-2菌株可以通过根部进入植株体内，进而向地上组织传导，并初步测定了其在植株不同组织部位的分布规律，其荧光显微镜下的BS-2-GFP菌株如图3-13所示。

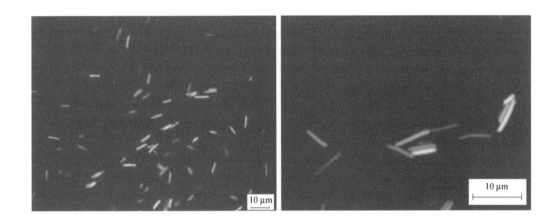

图3-13　荧光显微镜下的BS-2-GFP菌株

GFP基因与异源基因可以接合构成编码融合蛋白的嵌合基因，其表达产物既保持了外源蛋白的生物活性，又表现出与天然GFP相似的荧光特性。因此，GFP融合蛋白可作为"荧光标签"融合到主体蛋白中检测蛋白质分子的定位、迁移、构象变化以及分子间的相互作用，或者靶向标记某些细胞器并依靠荧光共振能量转移即FRET来进行检测。华静等（2005）通过构建EST3-EGFP融合蛋白穿梭载体并检测其表达发现该重组体融合蛋白主要分布于表达菌细胞质中，免疫印迹杂交检测表明重组蛋白具有EST3的免疫原性，且诱导后的菌体在荧光显微镜下可见强烈的绿色荧光。GFP具有同宿主蛋白构成融合子的性质，已被成功用于靶向标记包括细胞核、线粒体、质体、内质网等在内的细胞器。用GFP进行亚细胞定位，使研究蛋白在活细胞的准确定位变得简单易行。张付云等（2009）用PCR技术扩增NtSKPI基因的编码区。定向克隆至表达载体pCAMBIAl302上构建用于瞬时表达NtSKPI蛋白的重组质粒。重组质粒经PCR和测序鉴定后用冻融法转入农杆菌LBA4404，进而经农杆菌LBA4404介导转入烟草悬浮细胞，激光共聚焦显微镜

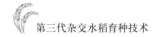

观察确定其亚细胞定位。测序结果表明，插入片段与预期序列完全一致。与载体形成了一个完整的基因表达盒，亚细胞定位结果表明NtSKP1蛋白在胞浆和核部位均有分布。基于GFP的荧光特性，且荧光稳定，以及检测方法快速、方便，GFP在细胞筛选上得到广泛应用。Yuk I. H. 等（2002）使用GFP作为标记能快速筛选出在生长抑制环境下仍能保持重组蛋白大量表达的CHO细胞。在高水平组合型表达GFP的细胞品系或微生物细胞中，在细胞生长的对数期，GFP所发出的荧光信号与细胞数量密切相关，测量到的任何荧光强度都可以相应地转变成细胞浓度。研究表明，GFP的荧光强度和与其相连的细胞或蛋白有一定的相关性，只需要作出一条相关性曲线就可以进行定量分析。

GUS报告基因（reporter gene）是一种编码可被检测的蛋白质或酶的基因，也就是说，是一个其表达产物非常容易被鉴定的基因。把它的编码序列和基因表达调节序列相融合形成嵌合基因，或与其他目的基因相融合，在调控序列控制下进行表达，从而利用它的表达产物来标定目的基因的表达调控，筛选得到转化体。报告基因，在遗传选择和筛选检测方面必须具有以下几个条件：已被克隆和全序列已测定；表达产物在受体细胞中不存在，即无背景，在被转染的细胞中无相似的内源性表达产物；其表达产物能进行定量测定。

GUS基因来自于大肠杆菌，编码β-葡萄糖醛酸糖苷酶或β-葡糖醛酸酶（β-glucuronidase，GUS），能催化裂解一系列的β-葡萄糖苷，产生具有发色团或荧光的物质，可用分光光度计、荧光计和组织化学法对GUS活性进行定量和空间定位分析，检测方法简单灵敏。该酶与5-溴-4-氯-3-吲哚-β-D-葡萄糖苷酸酯（5-bromo-4-chloro-3-indoyl-β-D-glucuronic acid，X-Gluc）底物发生作用，产生蓝色沉淀反应，既可以用分光光度法测定，又可以直接观察到植物组织由沉淀形成的蓝色斑点，检测容易、迅速并能当量，只需少量的植物组织即可在短时间内测定完成。

GUS基因广泛地用作转基因植物、细菌和真菌的报告基因，特别是在研究外源基因瞬时表达转化实验中。GUS基因的最大优点是它能研究外源基因表达的具体细胞和组织部位，这是其他报告基因所不能及的。有一些植物在胚胎状态时能产生内源GUS活性，检测时要注意设定严格的阴性对照。

卢丽丽等（2009）采用基因枪转化法用带有β-葡糖醛酸酶（GUS）报告基因的质粒Pgus6l20转化小麦条锈病，建立了优化的转化体系；在转化当代的条锈菌中得到了GUS基因瞬时表达的菌株；利用GUS报告基因和毒性标记相结合的方法，经过3代筛选鉴定，获得了稳定的毒性突变体，经PCR及PCR-southern blot证实外源片段已整合到毒性突变株的基因组中。陶文菁等（2003）为了监测钙调素（CaM）在植物细胞内的分布并探索其生物学功能，将水稻CaM和GUS融合基因（cam-gus）分别置于35S启动子和花粉特异启动LAT52-7控制下，构建出载体pMD/CaM.GUS和pBI/LAT.CaM.GUS转化烟草，GUS染色结果显示：CaM.GUS融合蛋白广泛分布于植物根、茎、叶等组织，根尖生长点细胞、根毛细胞、表皮毛细胞、气孔保卫细胞、维管束细胞的细胞质中融合蛋白含量较多。孟颂东（1997）应用GUS基因标记技术，可简便、快速、准确、原位、直观地确定标记花生根瘤菌株形成的根瘤，从而方便地研究标记菌株与土著根瘤菌的竞争结瘤能力。

（五）普通核不育载体的构建与功能性验证

创造筛选标记基因与育性基因的紧密连锁，使得可育性状与筛选性状共分离，通过机械分选手段，即可将其后代产生的可育种子与不育种子分离，实现普通核不育的繁殖。

根据第三代不育系创制的原理，最终获得的不育系不含有任何转基因元件，而保持系则仅含有筛选标记基因、花粉致死基因、育性恢复基因的3个紧密连锁的插入元件，在载体构建方面各有优势。美国杜邦公司在玉米中率先将这一技术变成了现实。但三连锁基因插入后，在转化过程中没有有效的筛选手段，所以为后期阳性植株的筛选增加了负担。

2017年，邓兴旺等报道了在水稻黄华占品种中实现了SPT技术。该团队使用

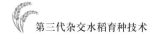

的转化载体如图3-14所示。

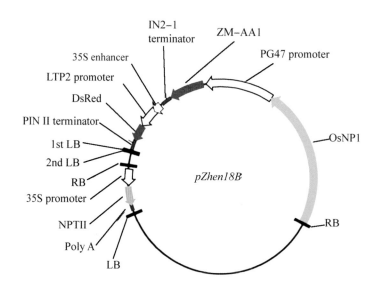

图3-14 邓兴旺等报道的水稻中实现SPT技术的载体

该载体与杜邦公司在玉米中实现SPT技术的载体相比有了较大的进步，能够更方便快捷地得到优质的转化事件。该载体采用了双T-DNA双LB形式。双T-DNA中的一个T-DNA区为卡那霉素，由35S启动子启动，在农杆菌侵染过程中可以用卡那霉素筛选，减轻了前期筛选的工作量。农杆菌转化过程中LB起终止的作用，有报道指出单个LB有时无法终止这一过程，导致载体骨架进入玉米或水稻中，造成转基因事件的载体骨架污染，所以该载体采用了双LB的结构，以减少载体骨架污染的存在。

另外，采用由愈伤和种子特异表达的启动子END2来启动*DsRed*基因的方式来构建第三代不育系创制表达载体。水稻来源的END2启动子是一个在愈伤和种子中特异表达的启动子，可以利用其在愈伤中特异表达这一特性来对农杆菌转化后的愈伤进行筛选，减少后期筛选的工作量，其载体图谱如图3-15所示。

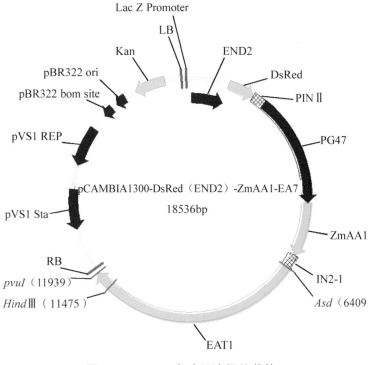

图3-15　END2启动子途径的载体

（六）农杆菌介导的转基因体系的构建

1. 高等植物的基因转化方法及优劣势分析

在高等植物基因工程研究中，外源基因的转移方法按照转化程序可以分为直接转化、间接转化和种质转化3类，分别以基因枪法、农杆菌介导法和花粉管通道法为代表。

水稻不仅是主要的粮食作物，也是单子叶植物基础研究的模式植物。世界人口的不断增长以及人们生活水平的提高，对水稻产量和品质提出了更高要求。传统育种的育种年限长，通过连续自交选育的优良性状已经很难满足需求，而通过现代生物技术与传统育种技术相结合来提高水稻的产量和质量已经成为主要的发展趋势。

常用的水稻遗传转化方法分为DNA直接导入法和农杆菌介导的转化法。DNA直接导入法主要包括PEG（polyethylene glycol）介导的转化法、"电击转化"

法、基因枪转化法和花粉管通道转化法。

PEG介导法：通过利用化合物PEG、磷酸钙在高pH条件下诱导原生质体提取外源DNA分子。PEG可作为一种细胞融合剂，它能引起细胞膜表面电荷的紊乱，干扰细胞间的识别，从而也有利于外源DNA分子进入原生质体以及细胞间融合，而碳酸钙与DNA结合形成的DNA碳酸钙复合物则被原生质体摄入。

"电击转化"法：利用高压电脉冲的电击穿孔作用将质粒DNA导入植物原生质体的方法，在生物上可促进原生质体融合，因此又称为电融合法。该法率先应用于动物细胞，后广泛应用于双子叶植物和单子叶植物。该方法可应用于双子叶植物和单子叶植物原生质体的转化，其具有操作简单方便、对细胞的毒性效应较低且转化效率较高等优势，因此具有较大的应用潜力。但是由于实验过程太长，此方法不利于大规模应用研究，而当目的基因沉默引起胚胎发育在早期过程中死亡时，这种方法将不奏效。

基因枪转化法：利用低压气体加速、高压气体加速以及火药爆炸等方式将含有目的基因的DNA溶液通过高速微弹的方式直接送入完整的动物或植物的细胞和组织中，通过这种加速传输方式对植物细胞进行轰击，经过细胞和组织培养，培育出再生植株，筛选其中转基因阳性植株，通过低压气体加速，动植物细胞与活体均可进行转殖，活体转殖后，目标基因可在活体上进行表达。图3-16为基因枪转化法使用的基因枪系统。

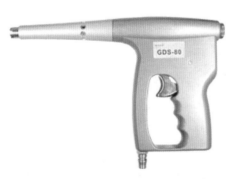
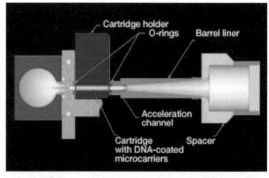

图3-16　基因枪系统

基因枪转化法的优点：基因枪转化法能转化任何植物，无宿主限制，对于那些因农杆菌感染不敏感的单子叶植物或原生质体再生较为困难的植株来说，基因枪转化法提高了禾谷类植物的转化效率；该法不受基因型的限制，靶受体类型广泛，能转化植物的任何细胞或组织，可广泛应用于同一物种的不同品种或不同的变种；基因枪转化法在无菌条件下用含外源基因的金属颗粒轰击受体材料，不需对原生质体进行制备分离与培养便可进行筛选培养，从而快速获得第一代种子，且该法简便易行；由于外源DNA很难穿过双层膜的细胞器如叶绿体、线粒体，基因枪技术对于转化这类细胞器重复性好、转化效率高，是目前该领域研究中最常用且最有效的DNA导入技术；由于采用高压气体驱动或高压放电的方式，研究者可根据实验需要，调节金属颗粒摄入细胞的层次，从而提高遗传转化的效率。该方法的缺点：该法是基因多拷贝随机插入整合到受体基因组中，可能发生多种方式重排，且同源序列是以DNA-DNA、RNA-RNA、DNA-RNA的方式相互作用，从而导致转录或转录后水平的基因沉默；在轰击过程中可能会出现外源基因断裂，以致插入的基因成为无活性的片段；在转化的过程中出现转化体或嵌合体的概率较高；基因枪转化法是用金粉进行轰击的，这将大大提高研究成本。

花粉管通道法：指在授粉后向子房注射含目的基因的DNA溶液，即利用植物在开花、受精的过程中形成花粉管通道，将外源目的基因导入受精卵细胞，进一步被整合到受体细胞的基因组中，并随着受精卵的发育而成为含转基因的新个体。我国目前推广面积最大的转基因抗虫棉就是利用花粉管通道法培育出来的。花粉管通道法可以不依赖人工组织培养的再生植株，不依赖装备精良的实验室，操作技术简单，且常规育种工作者易于掌握。

农杆菌介导转化法是指借助农杆菌的感染实现外源基因向植物细胞的转移与整合，然后通过细胞和组织培养技术，再生出转基因植株的基因转化方法。该方法是水稻遗传转化的基本方法，已成功应用于抗虫、抗除草剂等水稻的培育。

2.农杆菌介导的基因转化原理

农杆菌是一种革兰阴性细菌，广泛存在于土壤中，其中发根农杆菌（Ag.

rhizogenes）和根癌农杆菌（Ag. tumefaciens）在基因工程中较为常用。这两种农杆菌能够将其环状质粒DNA上的一段DNA区域转移并整合到植物受体细胞的基因组中，使DNA在受体细胞中表达用以表现或调控遗传性状。发根农杆菌和根癌农杆菌的区别在于发根农杆菌能够诱发毛状根，而根癌农杆菌能够诱发侵染受体产生根瘤。发根农杆菌合成的冠瘿碱有农杆碱型、甘露碱型以及黄瓜碱型，根癌农杆菌合成的冠瘿碱有琥珀碱型、胭脂碱型、农杆碱型以及章鱼碱型。

农杆菌转化植物细胞是在植物伤口产生的酚类等物质的刺激下，农杆菌在趋化作用下向植物的伤口处进行转移，借助供体和受体特异互作，农杆菌细胞识别且黏附到植物细胞的表面。VirA蛋白作为外界刺激感受体在外来因素的作用下活化并且激活virG调控蛋白，最后启动其他vir区基因的表达，所以酚类物质可以通过激活Ti质粒上vir区基因的表达，在功能蛋白的作用下对T-DNA的转移形式即T-复合体进行加工，在核定位信号与运输蛋白的作用下，T-复合体可以通过细胞壁、细胞膜以及核膜的障碍进入植物细胞核内，然后通过类似的转座机制重组到受体基因中并进行表达，这就是农杆菌转化植物细胞的过程，如图3-17所示。

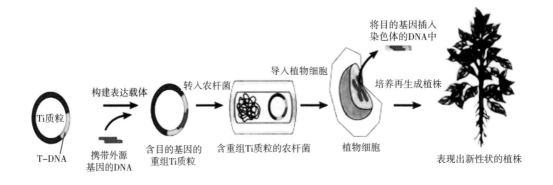

图3-17　农杆菌介导转化示意

T-DNA边界序列、染色体毒力位点和毒性区基因是转化过程中的3个主要遗传位点。T-DNA边界主要参与外源基因向受体基因组的整合，毒性区基因编码的产物参与T-DNA转移形式的加工及其T-复合体的转移（Hooykaas P. J. J., 1992），染色体毒力位点则与农杆菌识别后附着植物细胞的相互作用有关（Zupan J. R., 1995）。

与其他转基因技术相比，农杆菌介导的基因转化法有若干优点。一是操作简便易行，不需昂贵的实验仪器如基因枪，且在外植体不断扩大的情况下不需要复杂的组织培养过程，转化条件较易控制。二是转化效率较高。外源基因以核蛋白复合体的形式进行转移，避免了核酸酶的降解。T-复合体向核内转移、整合是在核定位信号的引导下完成的，进而降低了直接转化法引起的随机性。目前成熟农杆菌转化系统的转化效率超过30%。三是外源基因较稳定，基因沉默较少，T-DNA边界的特异性使外源基因整合的随机性降低，通过载体改造甚至可以实现定点整合；整合后的外源DNA结构完整，单位点转移的频率较高。四是转移的外源基因通常情况下是低拷贝或单拷贝的，其显性表达频率较高，表达的共抑制率较低。农杆菌转化法也存在一些不足，如受基因型限制，农杆菌转化法对单子叶植物尤其是禾谷类植物缺乏高效的转化体系。随着研究的深入，近年来在水稻（Hiei Y., 1994）、玉米（Ishida Y., 1996）、大麦（Sonia T., 2010）、小麦（Cheng M., 1997）等谷物中都有农杆菌转化成功的报道，其中在水稻上已经建立了较为完善的转化体系。

3. 影响农杆菌转化效率的因素

在农杆菌介导转化过程中，除了外源基因转移和整合的效率直接决定转化体系的优劣外，转化子的成功筛选以及分化再生也是一个高效的转化体系所必需的。

（1）促进农杆菌对受体细胞的识别和附着

农杆菌的染色体背景不同，其对受体细胞的识别及附着能力也有差异。根癌农杆菌的琥珀碱型和胭脂碱型，不结球且生长较快，转化时操作简单，但在农杆

菌与愈伤组织共培养时，其菌体的附着能力较差；章鱼碱型，则是菌体附着能力较强，附着后不易洗去，且易结球、生长慢，在转化过程中较难操作。

（2）共培养方式

植物受体培养基和细菌培养基均可作为农杆菌转化的共培养介质。农杆菌侵染烟草等对农杆菌较敏感的植物时，一般采用液体细菌培养基作为介质，且共培养的时间一般较短。而许多单子叶植物等不敏感植物受体与农杆菌共培养时间一般较长，多采用液体植物培养基作为共培养介质，因为细菌培养介质容易造成农杆菌过度繁殖，进而导致植物外植体呼吸作用受到抑制，且细菌的分泌物会产生毒害作用。

向共培养介质中添加某些化学物质，能够促进植物细胞和农杆菌的相互作用。相关研究报道，糖类和多酚化合物对胡萝卜和烟草等农杆菌敏感植物提取液能够诱导毒性基因区的表达，增加农杆菌向伤口移动的速度和附着力（Xu Y.，1990）。Allan Wenck等（1997）研究报道，对培养系统进行抽气减压，能够促进菌体附着并提高转化效率。Ishida Y.等（1996）研究发现，可以通过对农杆菌进行高渗培养进而提高转化效率，因为高渗条件下菌体失水，与植物组织细胞接触时水势平衡从而促进菌体附着。Ashby A. M.等（1988）研究发现，通过添加精氨酸刺激农杆菌鞭毛转动，进而提高菌体附着能力，从而提高转化效率。

（3）侵染浓度和时间

由于外植体对农杆菌侵染的敏感性不同，所以适宜的农杆菌侵染浓度和时间对提高转化效率影响较大。时间过长、浓度过高，会引起农杆菌细胞间的竞争性抑制，而过度增殖会抑制受体细胞的呼吸作用；若浓度过低、时间过短，则会造成受体细胞农杆菌附着不足。对禾谷类作物一般侵染浓度较高，研究发现LBA4404转化玉米幼胚的侵染浓度OD_{600}=2.0（Ishida Y.，1996），而转化水稻的最佳接种浓度OD_{600}为0.8～1.0（Hiei Y.，1997）；对侵染敏感的双子叶植物如大白菜、烟草等对农杆菌菌体的浓度要低得多，一般为OD_{600}=0.5。Hawes M.

C.等（1989）研究发现农杆菌附着在MSO介质中时增殖较少且只需1.5h，但是T-DNA整合表达时间较长需要16h以上。王关林等（2002）认为农杆菌介导转化的共培养时间要根据植物的类型而异，如甜瓜和西瓜等瓜类以4~6d为宜，小麦、玉米、水稻等禾谷类作物一般为3d，花生、生菜、烟草则一般在2d左右。

（4）受体处理方式

悬浮细胞系可以提供大量个体小且均一的受体，有利于农杆菌附着。但从水稻幼穗分化期到抽穗扬花期的茎叶中分离出的一种乙基-4-邻硝基苯基-3-硫代尿酸酯可以强烈抑制根癌农杆菌对水稻悬浮液细胞的附着（许东晖，1999）。对水稻、玉米悬浮细胞系用PGA果胶酶处理也能提高农杆菌的附着效果，从而提高转化能力。果胶酶部分解离植物细胞壁可以增加农杆菌附着位点，提高细胞的通透性，从而提高菌体的附着能力和T-DNA的转移活性。

VirA蛋白的N端位于周质区且有两个功能区，一个功能区能够感受温度和pH的变化，另一个功能区能够感受酚类化合物的存在。Vir区基因的表达强度除受基因本身表达能力的直接影响外，环境条件尤其是温度、酸碱度和外源信号物质的作用也是决定其表达强度的重要因素。携带质粒载体的供体菌株类型和植物受体细胞的感受态的相互作用可能是影响外源基因转移和整合的主要因素。

超毒力菌株EHA105对水稻组织的敏感性要高于普通型宿主菌LBA4404（刘巧泉，1998），蚕豆转化中发现菌株C58表现好于B6S3（De Kathen A.，1990）。水稻转化中发现Ti质粒pTiB0542的转化效果要优于pTiT37（Li X Q.，1992），LBA4404的转化结果表明超二元载体pTOK233比普通二元载体PBIN19的转化效果好。不同的转化受体常有最佳的染色体背景和载体质粒的组合，转化粳稻用LBA4404比其他组合更有效。Ishida在玉米幼胚转化中也发现LBA4404（PSB131）和LBA4404（pTOK233）比其他组合转化后GUS表达率高得多（Ishida Y.，1996）。

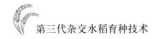

（5）共培养条件

农杆菌在20~30℃的范围内都可以生长，不同研究结果中Vir区基因表达的适宜温度有一定的差异，但多数在20~25℃时能够获得较高的表达水平。外植体生长温度一般也在此范围内，所以通常选取外植体的最佳生长温度为共培养温度，通常在25℃左右。相关研究报道，共培养体系在19℃转化效率最高，升高到27℃则不发生转化，22℃是烟草农杆菌转化的最佳温度，超过或低于这一温度则转化效率降低，这一研究结果说明Vir区基因的表达强度并不是决定转化效率的决定性因素，但适当的低温可能有利于提高转化效果（Dillen W.，1997）。

研究人员认为酸性培养环境有利于农杆菌的侵染。因为植物细胞释放的对农杆菌有趋化作用的化学物质（如酚类和糖类），虽然在不同酸碱度下均比较稳定，但在pH为5.0~5.8时对Vir基因的诱导能力最高。相关研究报道，当pH为4.8~6.2时，GUS基因的瞬时表达达到了最大值（Hiei Y.，1994）。

酚类物质产量低一度被认为是影响农杆菌转化特别是单子叶植物转化的主要原因之一（Usami S.，1987）。在众多酚类物质中，乙酰丁香酮和羟基乙酰丁香酮诱导能力较强，没食子酸、二羟基苯甲酸、香草酚、儿茶酚、对羟基苯酚等多酚混合处理农杆菌也有很高的作用，但不同酚类物质是否有累加效应在不同研究结果中不尽相同（许耀等，1988）。研究报道，乙酰丁香酮和冠瘿碱配合预处理农杆菌，可以使Vir基因活化效果提高2~10倍（Veluthambi K.，1989）。一些小分子的代谢糖类，如半乳糖、葡萄糖等在AS浓度很低或缺少的情况下，也能极大地促进Vir区基因的表达，Vir区基因的表达受酚类和糖类的双重调节，但在酚类物质充足时添加糖没有协同反应。

此外，其他物质如非代谢糖类（Shimoda N.，1990）、肌醇（Song Y. N.，1991）、脯氨酸等渗透保护剂（James D. J.，1993）对vir区基因表达也有诱导作用。不同农杆菌类型对酚类物质的敏感性不同，根癌农杆菌的章鱼碱株系比胭脂碱系需要更高的酚类物质诱导，发根农杆菌的农杆碱型对酚类物质刺激的敏感性更低。

在水稻成熟叶片中分离到一种查尔酮和两种黄酮类物质（Jun Shi，1995；Xu D.，1996），在小麦中还发现了一类物质，其信号作用是乙酰丁香酮的100倍。所以，酚类物质对转化的限制也可能是只在特定的发育时期或特定的组织产生不溶性或无活性的信号分子，而这些器官或组织不是转化和再生的理想受体（许东晖等，1999）。除了信号分子激活vir区基因表达不足的原因外，有些转化受体中还发现了抑制物质，在玉米中发现了强烈抑制农杆菌生长和vir区表达的物质DIMBOA（Sahi S. V.，1990）。

受体类型和生理状态：不同基因型对农杆菌侵染的敏感性有差异，即使像大豆这样易转化的双子叶植物类型，也只有少数有限的基因型有成功的报道。单子叶的基因型限制更明显，Ishida建立的玉米高效转化体系是以自交系A188为转化受体，以其亲本的杂交种只能获得低频率的转化，其他自交系却不能获得转化成功，目前还没有找到一种有效的手段克服基因型的障碍。

目前用过的受体材料有叶盘、叶柄、根尖根段、茎尖茎段、幼穗、花药、子叶（柄）、胚或其部分结构（胚轴）、芽等，可以看出分生组织是较通用的受体。分生能力强的植物细胞对农杆菌敏感，活跃的细胞分裂促进了T-DNA的整合。悬浮细胞旺盛的细胞代谢和分裂更有利于为外源基因的转移提供感受态，但水稻悬浮细胞的直接转化效率很低，只有在固体培养基上预培养一定时间后才能获得高效转化（Hiei Y.，1997；尹中朝等，1998）。禾本科作物幼胚共培养前进行预培养也是同样的道理。同一受体细胞在不同发育阶段的敏感性也有差异。研究表明，生菜子叶外植体在1~3d苗龄时转化效果最好，瓜类植物在5~6d苗龄子叶转化效果最佳，玉米幼胚授粉后1~2d小叶分化时感染频率较高，烟草花粉来源的胚的最佳感受态是子叶后期。

适当的化学调控可以使植物细胞对农杆菌侵染的感受态增强，从而有利于创伤反应中外源基因的导入。研究发现，在烟草农杆菌转化中，NAA和6-BA可以

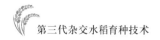

提高转化效率，而ABA则明显降低转化效率，若培养基中添加4 400mg/L的氯化钙可以明显提高转化效率，并推测可能钙离子通过钙调蛋白影响受体生理状态（李根义等，1997）。不同培养基对转化效率的影响也是通过受体生理状态实现的，玉米幼胚在LS培养基上比N6培养基上获得更高的稳定转化效率。

（6）影响转化子筛选的因素

选择合适的标记对于提高选择效果和提高转化子的高频再生是非常重要的。现在应用较多的抗药性选择标记是新霉素磷酸转移酶基因和潮霉素磷酸转移酶基因。新霉素磷酸转移酶基因可以用卡那霉素作为选择试剂，实验表明对茄科转化中作为选择标记很有效，但对豆科和单子叶植物则效果不佳，而且对原生质体经卡那霉素选择后的愈伤组织常常失去再生能力。研究中通常用G418、巴龙霉素取代卡那霉素以减少再生障碍（Nehra N. S.，1994；Xia G. M.，1999）。潮霉素基因近年来作为选择标记基因应用得较多，是单子叶植物转化中比较理想的选择标记，但有报道说潮霉素对小麦分化有严重毒性（Weeks J. T.，1993）。

选择方式包括选择压力和选择时间，培养基质差异也可以影响筛选的有效性。选择压力是否合适直接影响选择效果，压力过小会使假阳性大大增加，压力过大又会使低表达水平的转化子胁迫致死，造成转化频率低的假象。一般选择压力范围是卡那霉素20～100mg/L，潮霉素是10～50mg/L，磷化麦黄酮5～20mg/L。选择前进行短时间的无选择压力培养，使转化细胞进行有效的损伤修复和适量的增殖，可以有效避免转化细胞由于转化损伤造成的低活力状态，这是农杆菌转化普遍应用的方法。此外，梯度浓度选择也是提高选择效率的常见做法。选择初期的低选择压可以诱导选择标记基因充分表达，后期的高压选择可以有效地筛选出转化子，剔除非转化子，降低假阳性的频率。选择一般以2周为一个周期是比较适宜的，周期过长会导致营养不足而使愈伤组织生长停滞或褐化坏死。

在水稻转化中，以潮霉素基因作为选择标记，在NBM培养基上获得了比MSM和CCM更高的转化效率。在NBM上转化幼胚可以选择出独立的细胞团，而在CCM和MSM上没有独立的细胞团生长，而是整个盾片表面都形成愈伤组织。在CCM和MSM上，如果潮霉素浓度降低至20mg/L或30mg/L，所有盾片生长不受抗生素影响，而此浓度下2N6M上只能选择出很少的愈伤而且生长缓慢。此外，在N6M培养基上如果只含有

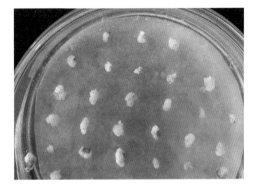

图3-18　农杆菌与水稻愈伤组织共培养

2，4-D而没有添加NAA和BA，就很难获得具有分化能力的幼胚来源的抗性愈伤（图3-18）。

　　抑菌剂选择培养基上除了添加选择物质外，一般还要添加脱菌剂，现在常用的有羧苄青霉素和头孢霉素。抑菌剂在杀死农杆菌的同时，对植物细胞的生长发育也有一定的生物效应。据研究，羧苄青霉素能刺激愈伤增殖，抑制根（如甘蓝）分化；头孢霉素则对愈伤（如杨树）诱导和芽分化有抑制作用。因此，生芽培养基上通常选择羧苄青霉素做脱菌剂，而生根培养基上则选择头孢霉素。在研究中，水稻、小麦等单子叶植物通常以头孢霉素为抑菌剂，而油菜、甘蓝、烟草等双子叶植物通常选用羧苄青霉素。抑菌剂的毒性效应随浓度增加而增大，因此选择适宜的抑菌剂浓度是提高转化效率所必需的，降低转化子非筛选原因死亡。

　　转化细胞的有效分化再生是获得转化植株的基础，细胞的分化能力与其初始生理状态直接相关，也与后期的培养过程相关。转化受体通常选用强分裂能力的分生组织，转化后选择出的胚性愈伤或胚状体容易获得高分化能力。适当的激素调控可以保持或诱导出分化能力的转化细胞（图3-19）。有报道表明，小麦转化中添加ABA、添

图3-19　水稻愈伤转化再生植株

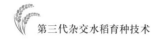

加硝酸银可以提高分化能力。

农杆菌在基因工程中具有重要的作用，它不仅是植物外源基因转化的一种有效的天然工具，还可用于真菌的转化。自农杆菌转化方法发现以来，无数科研工作者就不同农杆菌转化体系中影响转化效率的各种因素作了多方面探讨，对提高农杆菌转化效率起到了重要作用，酚类物质在单子叶植物转化中的应用就是一个很好的例子。农杆菌转化植物细胞的分子机制研究虽然对整体过程有了比较明确的认识，但对其具体相关基因表达调控还相对落后，许多优化研究只停留在现象的解释和推测水平，而未能揭示其分子机理。植物感受态研究起步较晚，外源基因的有效转移不仅依赖于农杆菌的强侵染能力，还需要受体植物细胞的高效摄取并整合。转化过程是农杆菌和植物细胞相互作用的结果，不能只强调农杆菌的作用而忽视了受体细胞感受态调控的作用。转化体系的优化应从细胞转化和植株再生整个转化过程考虑，转化细胞的分化再生直接限制了转化体系的可应用性。应基因转化的要求，农杆菌转化的受体范围还有待于进一步扩大，包括受体基因型的扩展、受体组织类型及发育时期的选择范围。转化方法还有待于进一步简化，尤其是减少甚至避免组织培养过程。细胞器转化是比较新颖的农杆菌转化方法，对提高外源基因表达强度、改善外源基因遗传稳定性等方面都有其独到之处，但目前只在烟草叶绿体转化中有初步研究。大片段的基因转化和定点整合也是一个重要研究领域。

（七）水稻幼穗转化体系的构建

单子叶植物尤其禾本科植物的组织培养一直是个难点，无论是愈伤组织的诱导还是再分化体系的建立，单子叶作物都比双子叶作物困难得多。水稻是世界上重要的粮食作物之一，提高其抗性和产量、改良品质有着重要的意义。目前转化基因技术已成熟，但由于受基因型的限制，水稻的遗传转化率还很低。贾士荣

（1990）也认为目前作物遗传工程中的一个关键性限制因子是单子叶作物缺乏高效的遗传转化和再生系统，而且在基因枪法转化过程中，受体材料的细胞在经受高速金粉的轰击后，必然产生不同程度的损伤而影响绿苗再生能力。在水稻众多的外植体（成熟胚、幼胚、花药、幼穗）中，幼穗外植体不仅具有较高的脱分化与再分化能力，而且愈伤组织出现的时间也较早，一般在接种后第10d即可产生愈伤组织，且绿苗分化具有早、多、齐等特点，没有白化苗（韦鹏霄等，1993）。研究发现，水稻幼穗的取材时期、不同的消毒方式、培养基中不同外源激素的添加等影响水稻幼穗培养植株的再生的效果，4℃下不同保存时间对水稻幼穗愈伤组织诱导、绿苗分化也产生影响（王亚琴等，2004）。

1.幼穗取材时期对不同基因型水稻愈伤组织诱导、芽分化的影响

水稻幼穗接种一周左右开始膨大变形，两周后在幼穗颖花部位陆续产生愈伤组织，大约20d后南胜10号（籼稻）、C418（粳稻）、零轮（粳型广亲和）、明恢63（籼稻）、巴里拉（粳稻）、02428（粳型广亲和）6种材料均能诱导出愈伤组织，但不同基因型对水稻幼穗愈伤组织的诱导、绿苗的分化与幼穗长度有着很大的影响（表3-5，图3-20）。广亲和品种的愈伤组织诱导率、绿苗分化率、成苗率最高，幼穗取材集中在分化第1～4期，但以第3～4期的长度为最佳；粳稻在幼穗分化第1～2期取材最好；籼稻幼穗取材长度较长一些，集中在分化第5期的前期，即2.1～3.0cm，而在分化第5期的后期及第6期即3.1～6.0cm长度的幼穗，所试3种类型均未得到绿苗，这说明幼穗分化到第5期的后期就已变老，不再适合诱导愈伤组织。（愈伤组织诱导率=愈伤组织发生数/接种外植体数×100%，绿苗分化率=成苗的愈伤组织数/转入分化培养基的愈伤组织数×100%，成苗率=绿苗数/转入分化培养基的愈伤组织数×100%）

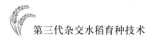

表3-5　幼穗取材时期对不同基因型水稻愈伤组织诱导、芽分化的影响

幼穗长度（cm）	南胜10号（籼稻）				C418（粳稻）				零轮（粳型广亲和）			
	0.5~1.0	1.1~2.0	2.1~3.0	3.1~6.0	0.5~1.0	1.1~2.0	2.1~3.0	3.1~6.0	0.5~1.0	1.1~2.0	2.1~3.0	3.1~6.0
愈伤组织诱导率（%）	40.00	72.28	76.47	24.17	83.34	43.26	17.41	8.70	87.28	96.71	43.81	22.19
绿苗分化率（%）	48.13	78.30	85.09	0	91.30	62.63	0	0	86.96	95.65	47.83	0
成苗率（%）	56.39	96.74	118.71	0	139.67	72.61	0	0	127.51	222.06	76.49	0

幼穗长度（cm）	明恢63（籼稻）				巴里拉（粳稻）				02428（粳型广亲和）			
	0.5~1.0	1.1~2.0	2.1~3.0	3.1~6.0	0.5~1.0	1.1~2.0	2.1~3.0	3.1~6.0	0.5~1.0	1.1~2.0	2.1~3.0	3.1~6.0
愈伤组织诱导率（%）	32.00	70.37	78.25	16.14	81.32	51.02	27.31	6.27	85.13	94.10	33.32	19.24
绿苗分化率（%）	41.13	78.30	87.09	0	90.87	72.13	0	0	88.96	92.76	37.03	0
成苗率（%）	50.39	98.74	112.91	0	129.17	82.11	0	0	117.51	207.36	56.4	0

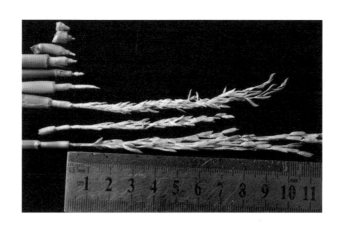

图3-20 不同时期的水稻幼穗

（1）不同消毒方式、4℃下不同保存时间对水稻幼穗愈伤组织诱导、绿苗分化的影响

由于广亲和类型是介于粳稻、籼稻之间的一种类型，因此以粳型广亲和"零轮"作为实验材料。首先从稻田剪取幼穗，将叶鞘剥离至只剩两层包被，然后在超净台用70%酒精浸泡1min，再选用不同的消毒剂进行消毒灭菌，分别比较不同消毒剂对外植体愈伤组织诱导、分化成苗的影响（表3-6）。从表3-5中可以看出：0.5%升汞（氯化汞）处理的愈伤组织比0.1%升汞处理的诱导率高，但成苗率大大降低，可能是因为升汞浓度高渗透入幼穗组织，在后期分化过程中产生毒害使成苗率降低；0.5%次氯酸钾处理不仅愈伤组织诱导率高，成苗率也高。综合分析，选用0.5%次氯酸钾作为幼穗消毒剂最佳。

幼穗的取材时间往往比较集中，因此用冰箱4℃保存幼穗便成了实验室的常规方法。对4℃下保存幼穗是否对其愈伤组织诱导、绿苗分化产生影响，我们比较了不同的保存天数，将新采的"零轮"幼穗连同叶鞘用保鲜膜包裹后置于冰箱4℃冷藏，分别保存0、1、3、5、7、10、15、20d后再转入组织培养程序，统计分析各项数据，结果表明4℃下保存5d之内对水稻幼穗的影响不大，但是随着保存时间的延长，愈伤组织诱导率、绿苗分化率及成苗率呈下降趋势。

表3-6　不同消毒方式对水稻"零轮"（WCV）幼穗愈伤组织诱导、绿苗分化的影响

处理	接种外植体数	愈伤组织诱导率（%）	绿苗分化率（%）	成苗率（%）
0.5%升汞	23	86.96	51.23	87.33
0.1%升汞	23	73.91	84.71	117.00
1%次氯酸钾	23	69.57	78.00	96.85
0.5%次氯酸钾	23	91.30	94.76	122.00
2%新洁尔灭液	25	56.00	62.32	65.00
1%新洁尔灭液	25	64.00	70.38	87.80

（2）不同外源激素配合对水稻幼穗愈伤组织诱导的影响

在培养基中添加2，4-D与激动素（KT），水稻幼穗会形成胚性愈伤组织（凌定厚，1987，1989）。以水稻"零轮"为材料，在基本培养基上添加不同的激素配比，发现在诱导愈伤组织时添加2.0mg/L的2，4-D、0.5mg/L的KT的诱导率最高，而且愈伤组织大多呈胚性结构。研究报道，愈伤组织的诱导只需加2.0 mg/L 2，4-D就可获得较高的诱导率（刘选明，1998）。研究发现当在添加2.0 mg/L 2，4-D的情况下也获得了86.96%的诱导率，但再加0.5mg/L的KT就会使诱导率达到91.30%，而当KT增为1.0mg/L时诱导率反而下降。这说明2，4-D与KT适宜浓度的相互配合会促进愈伤组织的形成（表3-7）（王亚琴等，2004）。而不同基因型的水稻内源激素类型与含量不同，所要添加的外源激素类型及含量也不同，这就需要探讨基因型、激素之间的配比关系以提高愈伤组织的诱导率。

表3-7　不同外源激素配合对水稻"零轮"（WCV）幼穗愈伤组织诱导的影响

植物激素（mg/L）	接种外植体数	愈伤组织发生数	愈伤组织诱导率（%）
0.5（2，4-D）+0.5（KT）	25	8	32.00
1.0（2，4-D）+0.5（KT）	23	16	69.57
1.5（2，4-D）+0.5（KT）	23	18	78.26
2.0（2，4-D）+0.5（KT）	23	21	91.30

续表

植物激素（mg/L）	接种外植体数	愈伤组织发生数	愈伤组织诱导率（%）
2.0（2，4–D）	23	20	86.96
0.5（2，4–D）+1.0（KT）	25	6	24.00
1.0（2，4–D）+1.0（KT）	20	10	50.00
1.5（2，4–D）+1.0（KT）	23	12	52.17
2.0（2，4–D）+1.0（KT）	23	19	82.61

（3）不同外源激素配合对水稻幼穗愈伤组织分化的影响

以水稻"零轮"为实验材料，在基本培养基YS上添加不同比例的6–BA与NAA、KT与NAA，测试了不同外源激素组合对幼穗愈伤组织分化特性的影响。发现在愈伤组织开始分化（出绿芽）时，添加6–BA比KT更易出芽；当绿芽成苗时，若仍用6–BA则大部分绿芽不会分化成苗，即使成苗长势也弱，而此时换为激动素KT则长出的芽几乎100%会分化成苗，且苗的长势好。实验中，为出芽添加3.0mg/L（6–BA）+0.5mg/L（NAA），为长苗添加3.0mg/L（KT）+0.5mg/L（NAA），这样的配比可使分化率达92.00%，成苗率达217.03%（表3–8，图3–21）。

表3–8　不同外源激素配合对水稻"零轮"（WCV）幼穗愈伤组织分化的影响

植物激素（mg/L）		出芽率（%）	绿苗分化率（%）	成苗率（%）
出芽	成苗			
3.0（6–BA）+0.5（NAA）	3.0（6–BA）+0.5（NAA）	92.33	65.25	93.85
2.0（6–BA）+0.5（NAA）	2.0（6–BA）+0.5（NAA）	80.79	52.17	72.00
1.0（6–BA）+0.5（NAA）	1.0（6–BA）+0.5（NAA）	76.73	42.11	63.71
3.0（6–BA）+0.5（NAA）	3.0（KT）+0.5（NAA）	92.17	92.00	217.03
2.0（6–BA）+0.5（NAA）	2.0（KT）+0.5（NAA）	81.32	80.77	151.03
1.0（6–BA）+0.5（NAA）	1.0（KT）+0.5（NAA）	75.41	74.91	132.57

注：出芽率=出芽的愈伤组织数/转入分化培养基的愈伤组织数×100%。

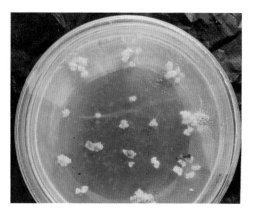

图3-21　水稻幼穗愈伤组织分化

（4）不同外源激素配合对水稻再生苗生根的影响

在各种元素减半的MS培养基上附加不同的外源激素组合，测试水稻绿苗的生根能力（表3-9）。供试的7个组合中5个生根率在85%以上，只有加了细胞分裂素KT和6-BA的组合生根率较低，为55%左右，而且其根系多分枝，长势弱，这说明在生根培养基中附加细胞分裂素对根系的生长发育有一定程度的抑制。在未加激素的培养基上取得了很好的生根效果，说明水稻本身很易生根，附加外源激素并不是必需的，只是适当浓度NAA的添加会使生根率达到100%（图3-22）。

表3-9　不同外源激素配合对水稻"零轮"（WCV）再生芽苗生根特性的影响

植物激素（mg/L）	分化的绿苗数	生根的绿苗数	生根率（%）	根的形态
0.1（NAA）	21	21	100	稠密，长
0.5（NAA）	21	18	85.71	稠密，长
0.5（NAA）+0.1（KT）	23	12	52.71	稀少，短
0.5（NAA）+0.1（6-BA）	21	13	61.90	稀少，短
0.5（IAA）	20	18	90.00	稠密，长
0.5（IBA）	25	22	88.00	稠密，长
0	21	19	90.48	稠密，长

注：生根率=生根的绿苗数/分化的绿苗数×100%

幼穗长度对其分化有影响是因为不同基因型之间存在差异，选择适宜的幼穗分化期便成了获得良好培养效果的前提。韦鹏霄等（1993）的研究认为选取长2.0cm以下的幼穗作为接种材料最为适宜。但以典型的籼稻、粳稻、粳型广亲和为材料的研究表明：粳稻在幼穗分化第1～2期即长0.5～1.0cm取材最好；粳型广亲和取材集中在分化第1～4期，但以第3～4期的长度为最佳；籼稻

图3-22　0.1mg/L NAA处理的再生苗生根情况

要求幼穗长度较长一些，集中在分化第5期的前期，即2.1～3.0cm。此结果可以为今后水稻幼穗的组织培养工作提供参考，但还不能称作一条囊括所有籼稻、粳稻、粳型广亲和类型的规律，因为即使同一种类型的材料也存在着基因型的差异，只有更深入地研究水稻基因型的差异，才能更好地解决目前组织培养上存在的难题。

表面消毒剂的选择既要考虑到除菌的效果，又要考虑到其毒性对诱导愈伤组织的影响（李一琨等，1999）。在水稻的组织培养中一般多采用升汞、次氯酸钾进行外植体的表面消毒。不同浓度的升汞、次氯酸钾、新洁尔灭液对幼穗进行消毒的效果不同，研究发现0.5%次氯酸钾处理20min既可彻底除菌，又对幼穗后期的分化成苗影响很小，应当作为水稻幼穗表面消毒的首选试剂。

ABA在禾本科植物的组织和细胞培养中的作用越来越受到研究者的重视。低浓度的ABA对保持愈伤组织的致密、稳定、结节状结构，提高愈伤组织的胚性，具有重要作用（李雪梅，1994；黄学林，1995）；若在适当时间加入外源ABA，可促进胚性愈伤组织的形成及胚状体发生，还能促进正常胚发育、抑制胚的提早萌发及不正常胚结构的出现（Stuart D. A.，1984；Spencer T. M.，1988）。在愈伤组织进入分化阶段之前，将其放入加有ABA的预分化培养基中，一周的培养就使大部分愈伤组织变得结构致密，呈颗粒状，而且大大提高了分化效率。实验中还发现愈伤组织分化及芽苗生根时，将植物凝胶换为琼脂粉可使芽苗的分化率、

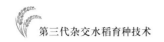

生根率大大提高，而且芽苗的长势很好，这可能是植物凝胶与琼脂粉不仅起着固化作用，而且本身的成分对组培苗有一定促进作用，而琼脂粉的成分较适合芽苗的分化及生长，也可能是琼脂粉呈不透明状可以减弱培养基的光照，以及其中微量元素从总量上调节培养基中元素的平衡。

参考文献

陈绍江，宋同明，2002. EMS花粉诱变获得高油玉米突变体［J］. 中国农业大学学报，7（3）：12.

陈忠正，刘向东，陈志强，等，2002. 水稻空间诱变雄性不育新种质的细胞学研究［J］. 中国水稻科学，16（3）：199-205.

邓晓建，周开达，1994. 低温敏显性核不育水稻"8987"的育性转换与遗传研究.［J］. 四川农业大学学报（3）：376-382.

范晓静，邱思鑫，吴小平，等，2007. 绿色荧光蛋白基因标记内生枯草芽孢杆菌［J］. 应用与环境生物学报，13（4）：530-534.

高嵩，何欢，吕庆雪，等，2017. 红色荧光蛋白基因$DsRed2$植物表达载体的构建及遗传转化［J］. 分子植物育种（5）：1718-1723.

华静，2005. EST3-EGFP融合蛋白重组体的构建和表达［D］. 武汉：华中科技大学硕士学位论文.

黄显波，田志宏，邓则勤，等，2008. 水稻三明显性核不育基因的初步鉴定［J］. 作物学报，34（10）：1865-1868.

黄学林，李筱菊，1995. 物组织离体培养的形态建成及其调控［M］. 北京：科学出版社.

贾士荣，1990. 植物遗传转化的进展［J］. 江苏农业学报（1）：44-47.

江华，杨仲南，高菊芳，2006. 水稻雄性不育突变体OsMS121的遗传及定位分析［J］. 上海师范大学学报（自然科学版），35（6）：71-75.

李根义，徐武，李鸣，等，1997. 植物感受态研究初探. 农业生物技术学报，5（1）：100-102.

李仕贵，周开达，1999. 水稻温敏显性核不育基因的遗传分析和分子标记定位［J］. 科学通报，44（9）：955.

李文娟，田志宏，2009. 水稻显性核不育基因的研究概况［J］. 安徽农学通报，15（11）：76-78.

李雪梅，刘熔山，1994. 小麦幼穗胚性愈伤组织诱导及分化过程中内源激素的作用［J］. 植物生理学报（4）：255-260.

李一琨，范云，王金发，1999. 籼粳杂交水稻F1种子胚愈伤组织诱导及再生体系建立［J］. 植物学报，16（4）：416-419.

凌定厚，吉田昌一，1987. 影响籼稻体细胞胚胎发生几个因素的研究［J］. 植物生态学报（英文版），（1）：3-10.

刘海生，储. 黄伟，李晖，等，2005. 水稻雄性不育突变体OsMS-L的遗传与定位分析［J］. 科学通报，50（1）：38-41.

刘娜，万瑛，周镜然，等，2005. 红色荧光蛋白与卵白蛋白表位融合蛋白的表达与纯化. 免疫学杂志，21（5）：382-385.

刘巧泉，张景六，王宗阳，等，1998. 根癌农杆菌介导的水稻高效转化系统的建立［J］. 植物生理学报（3）：259-271.

刘选明，杨远柱，陈彩艳，等，2002. 利用体细胞无性系变异筛选水稻光温敏核不育系株1S矮秆突变体［J］. 中国水稻科学，16（4）：321-325.

刘选明，周朴华，1998. 影响水稻幼穗培养体细胞胚胎发生因素的研究［J］. 生物工程学报，14（3）：314-319.

龙湍，安保光，李新鹏，等，2016. 籼稻93-11辐射诱变突变体库的创建及其筛选［J］. 中国水稻科学，30（1）：44-52.

卢丽丽，张如佳，王美南，等，2009. 基因枪法导入GUS基因获得小麦条锈菌突变体［J］. 植物病理学报，39（5）：466-475.

孟颂东，张忠泽，1997. 应用GUS基因研究弗氏中华根瘤菌的结瘤及效果［J］. 应用生态学报，8（6）：595-598.

欧阳杰，王楚桃，朱子超，等，2015. 水稻雄性不育突变体012S-3的遗传分析和基因定位［J］. 分子植物育种，13（6）：1201-1206.

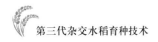

彭选明，庞伯良，邓钢桥，等，2006. 航天与辐射共诱变在水稻育种中的应用［J］.激光生物学报，15（1）：101-105.

舒庆尧，吴殿星，2000. ^{60}Co-γ射线辐照诱发创造水稻显性雄性核不育系［J］.核农学报，14（5）：274-278.

宋文祥，刘文斗，雷开荣，等，1989. 核不育水稻新材料——渝矮ms的遗传学特性初探［J］.西南农业学报（1）：11-16.

孙小秋，付磊，王兵，等，2011. 水稻雄性不育突变体802A的遗传分析及基因定位［J］.中国农业科学，44（13）：2633-2640.

陶文菁，梁述平，吕应堂，2003. 采用GUS标记技术研究钙调素在转基因烟草中的分布［J］.植物科学学报，21（3）：187-192.

王关林，方宏筠，2002. 植物基因工程.第2版［M］.北京：科学出版社.

王会峰，欧阳艳蓉，黄群策，2009. 新育成反向核不育水稻FHS开花习性观察［J］.安徽农业科学，37（24）：11459-11460.

王亚琴，段中岗，黄江康，等，2004. 水稻幼穗培养高效再生系统的建立［J］.植物学报，21（1）：52-60.

王莹，王幼芳，张大兵，2006. 水稻msp1-4突变体的鉴定及其UDT1和GAMYB基因的表达分析［J］.植物生理与分子生物学学报，32（5）：527-534.

王莹，2006. 水稻msp1-4和OsFH5突变体的遗传与定位分析［D］.上海：华东师范大学硕士学位论文.

王玉平，2007. 四川隐性核不育水稻的遗传研究与育种利用［D］.成都：四川农业大学硕士学位论文.

韦鹏霄，吴丹红，李惠贤，1993. 籼型杂交稻幼穗离体培养及再生植株诱导［J］.基因组学与应用生物学（1）：12-17.

徐树华，1982. 我国水稻主要雄性不育类型花粉发育的细胞学观察［J］.中国农业科学，15（2）：9-16.

许东晖，许实波，李宝健，等，1999. 抑制根癌土壤杆菌生长和转移的水稻信号分子的鉴定［J］.植物学报（英文版），41（12）：1283-1286.

许明，黄志伟，程祖锌，等，2010. 以DsRed2基因为可视标记的双T-DNA共转化载体的

构建 [J]. 福建农林大学学报（自然版），39（3）：263-268.

许耀，贾敬芬，郑国锠，1988. 酚类化合物促进根癌农杆菌对植物离体外植体的高效转化 [J]. 科学通报，33（22）：1745-1745.

易继财，梅曼彤，2007. 水稻空间诱变雄性不育突变体ws-3-1的抑制缩减杂交分析 [J]. 华南农业大学学报，28（1）：70-72.

尹中朝，杨帆，许耀，等，1998. 利用根癌农杆菌法获得转基因水稻植株及其后代. 遗传学报，25（6）：517-524.

张付云，陈士云，赵小明，等，2009. NtSKPl-GFP植物表达载体的构建及亚细胞定位 [J]. 西北农业学报，18（4）：144-148.

朱旭东，J NeilRutger，2000. 显性雄性核不育突变体水稻的遗传鉴定 [J]. 核农学报，14（5）：279-283.

Aarts M，Hodge R，Kalantidis K，et al.，1997. The Arabidopsis MALE STERILITY 2protein shares similarity with reductases in elongation /condensation complexes. Plant，12（3）：615-623.

Aarts M，Keijzer C J，Stiekema W J，et al.，1995. Molecular characterization of the CER1 gene of Arabidopsis involved in epicuticular wax biosynthesis and pollen fertility. Plant Cell，7（12）：2115-2127.

Abe A，Kosugi S，Yoshida K，et al.，2012. Genome sequencing reveals agronomically important loci in rice using MutMap. NatBiotechnol，30（2）：174-178.

Allan Wenck，Mihály Czakó，Ivan Kanevski，et al.，1997. Frequent collinear long transfer of DNA inclusive of the whole binary vector during Agrobacterium-mediated transformation [J]. Plant Molecular Biology，34（6）：913-922.

Ashby A M，M D Watson，J G Loake，et al.，1988. Ti plasmid-specified chemotaxis of Agrobacterium tumefaciens C58C1 toward vir-inducing phenolic compounds and soluble factors from monocotyledonous and dicotyledonous plants. Bacteriol，170：4181-4187.

Bai Y，Shen N，2012. Co-expression and application of thermostable xylanase xynB64 and red fluorescent protein Dsred2. Anhui Nongye Kexue（Journal of Anhui Agricultural Sciences），40（7）：3891-3893.

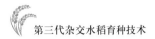
Chen J，Xue X C，Fang G E，et al .，2008. Construction and expression of RU486-inducible eukaryotic vector carrying red fluorescent protein［J］. Nanfang Yike Daxue Xuebao（Journal of Southern Medical University），28（12）：2113-2116.

Chen M G，Han Z Q，Lin X H. et al.，2012. Construction of Dsred-labeling Curvularia lunata. Zhiwu Baohu（Plant Protection），38（6）：16-21.

Cheng M，Fry J E，Pang S，et al.，1997. Genetic Transformation of Wheat Mediated by Agrobacterium tumefaciens［J］. Plant Physiology，115（3）：971.

Coulson A，Sulston J，Brenner S，et al.，1986. Toward aphysical map of the Genome of the Nematode Caenorhabditis elegans. Proc. Natl. Acad. Sci.，83：7821-7825.

Czymmek K J，Bourett T M，Sweigard J A，2002. Utility of cytoplasmic fluorescent proteins for live-cell imaging of magnaporthe grisea in planta. Mycologia，94（2）：280-290.

De Kathen A，Jacobson H J，1990. Agrobacterium-tumefaciens mediated transformation of Pium sativum L. using binary and cointergrate vectors. Plant Cell Rep，9：276-279.

Dillen W，Clercq J D，Kapila J，et al.，1997. The effect of temperature on Agrobacterium tumefaciens-mediated gene transfer to plants［J］. Plant，12（6）：1459-1463.

Fekih R，Takagi H，Tamiru M，et al.，2013. MutMap：Genetic mapping and mutant identification without crossing in rice. PLoS One，8（7）：e68529.

Fu F F，Ye R，Xu S P，et al.，2009. Studies on rice seed quality through analysis of a large scale T-DNA insertion population. Cell Res，19（3）：380-391.

Hawes M C，Pueppke S G，1989. Variation in Binding and Virulence of Agrobacterium tumefaciens Chromosomal Virulence（chv）Mutant Bacteria on Different Plant Species［J］. Plant Physiology，91（1）：113-118.

Hiei Y，Komari T，Kubo T，1997. Transformation of rice mediated by Agrobacterium tumefaciens［J］. Plant Molecular Biology，35（1-2）：205-218.

Hiei Y，Ohta S，Komari T，et al.，1994. Efficient transformation of rice（*Oryza sativa L.*）mediated by Agrobacterium and sequence analysis of the boundaries of the T-DNA［J］. Plant，6（2）：271.

Hsing Y I, Chern C G, Fan M J, et al., 2007. A rice gene activation / knockout mutant resource for high throughput functional genomics. Plant Mol. Biol., 63: 351−364.

Hu L, Liang W, Yin C, et al., 2011. Rice MADS3 regulates ROS homeostasis during late anther development [J] . Plant Cell, 23 (2) : 515−533.

Ishida Y, Saito H, Ohta S, et al., 1996. High efficiency transformation of maize (*Zea mays L.*) mediated by Agrobacterium tumefaciens [J] . Nature Biotechnology, 14 (6) : 745.

Jach G, Binot E, Frings S. et al., 2001. Use of red fluorescent protein from Discosoma sp. (dsred) as a reporter for plant gene expression. . Plant., 28 (4) : 483−491.

James D J, Uratsu S, Cheng J, et al., 1993. Acetosyringone and osmoprotectants like betaine or proline synergistically enhance Agrobacterium-mediated transformation of apple [J] . Plant Cell Reports, 12 (10) : 559.

Jeong D H, An S, Kang H G, et al., 2002. T−DNA insertional muta-genesis for activation tagging in rice. Plant Physiol, 130: 1636−1644, 7−13.

Jun Shi, Yao Xu, Jikai Liu, et al., 1995. Identification of a novel signal for activation of Ti plasmid−encoded vir genes from rice (*Oryza sativa L.*) [J] . Chinese Science Bulletin, 40 (21) : 1824−1828.

Jung K H, Han M J, Lee Y S, et al., 2005. Rice undeveloped tapetum1 is a major regulator of early tapetum development [J] . Plant Cell, 17 (10) : 2705−22.

Jung K H, Han M J, Lee D, et al., 2006. Wax-deficient anther1 Is Involved in cuticle and wax production in rice anther walls and is required for pollen development [J] . Plant Cell, 18 (11) : 3015−3032.

Kolesnik T, Szeverenyi I, Bachmann D, et al., 2004. Establishing an efficient Ac / Ds tagging system in rice: Large scale analysis of Ds flanking sequences. Plant, 37 (2) : 301−314.

Li H, Pinot F, Sauveplane V, et al., 2010. Cytochrome P450 family member CYP704B2 catalyzes the ω −hydroxylation of fatty acids and is required for anther cutin biosynthesis and pollen exine formation in rice. Plant Cell, 22 (1) : 173−190.

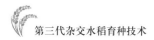

Li H, Yuan Z, Vizcaybarrena G, et al., 2011. PERSISTENT TAPETAL CELL1 encodes a PHD-finger protein that is required for tapetal cell death and pollen development in rice [J]. Plant Physiology, 156（2）: 615-30.

Li N, Zhang D S, Liu H S, et al., 2006. The rice tapetum degeneration retardation gene is required for tapetum degradation and anther development [J]. Plant Cell, 18（11）: 2999.

Li X Q, Liu C N, Ritchie S W, et al., 1992. Factors influencing Agrobacterium-mediated transient expression of gusA, in rice [J]. Plant Molecular Biology, 20（6）: 1037-1048.

Li X, Gao X, Wei Y, et al., 2011. Rice APOPTOSIS INHIBITOR5 coupled with two DEAD-Box adenosine 5'-triphosphate-Dependent RNA helicases regulates tapetum degeneration [J]. Plant Cell, 23（4）: 1416.

Martin G B, Brommonschenkel S, Chunwongse J, et al., 1993. Map-based cloning of a protein kinase gene conferring disease resistance in tomato. Science, 262: 1432-1436.

Martin G B, Tanksley W S D, 1991. Rapid identification of markers linked to a Pseudomonas resistance gene in tomato by using random primers and near isogenic lines. Proc. Natl. Acad. Sci., 88: 2336-2340.

Matz M V, Fradkov A F, Labas Y A, et al., 1999. Fluorescent proteins from nonbioluminescent anthozoa species. Nature Biotechnology, 17（10）: 969-973.

Michemore R W, Teytelman L, Xu Y B, et al., 2002.Development and mapping of 2240 new SSR markers for rice（Oryza sativa L.）. DNA Research, 9: 199-207.

Millar A A, Gubler F, 2005. The Arabidopsis GAMYB-like genes, MYB33 and MYB65, are microRNA-regulated genes that redundantly facilitate anther development [J]. Plant Cell, 17（3）: 705.

Miyao A, Tanaka K, Murata K, et al., 2003. Target site specificity of the Tos1 7 retrotransposon shows a preference for insertion within genes and against insertion in retrotransposon rich regions of the genome. Plant Cell, 15: 1771-1780.

Nonomura K I, Miyoshi K, Eiguchi M, et al., 2003. The MSP1 gene is necessary to restrict the number of cells entering into male and female sporogenesis and to initiate anther wall formation in rice［J］. Plant Cell，15（8）：1728.

Papini A，Mosti S，Brighigna L，1999. Programmed-cell-death events during tapetum development of angiosperms［J］. Protoplasma，207（3-4）：213-221.

Perez-Prat E，Campagne M M V L，2002. Hybrid seed production and the challenge of propagating male-sterile plants［J］. Trends in Plant Science，7（5）：199-203.

Sahi S V，Chilton M D，Chilton W S，et al，1990. Corn metabolites affect growth and virulence of Agrobacterium tumefaciens. Proc. Natl. Acad. Sci.，87：3879-3883.

Sallaud C，Gay C，Larmande P，et al.，2004. High throughput T-DNA insertion mutagenesis in rice：A first step towards in silico reverse genetics. Plant，39：450-464.

Shi J，Tan H，Yu X H，et al，2011. Defective pollen wall is required for anther and microspore development in rice and encodes a fatty acyl carrier protein reductase［J］. Plant Cell，23（6）：2225-2246.

Shimoda N，Toyoda-Yamamoto A，Nagamine J，et al.，1990. Control of expression of Agrobacterium vir genes by synergistic actions of phenolic signal molecules and monosaccharides［J］. Proceedings of the National Academy of Sciences of the United States of America，87（17）：6684-6688.

Song Y N，Shibuya M，Ebizuka Y，et al.，1991. Synergistic action of phenolic signal compounds and carbohydrates in the induction of virulence gene expression of Agrobacterium tumefaciens［J］. Chemical & Pharmaceutical Bulletin，39（10）：2613-2616.

Sonia Tingay，David McElroy，Roger Kalla，et al.，2010. Agrobacterium tumefaciens-mediated barley transformation［J］. Plant Journal，11（6）：1369-1376.

Sorensen A M，Krber S，Unte U S，et al.，2003. The Arabidopsis ABORTED MICROSPORES（AMS）gene encodes a MYC class transcription factor［J］. Plant，33（2）：413-423.

Spencer T M，Kitto S L，1988. Measurement of endogenous ABA levels in chilled somatic embryos of carrot by immunoassay［J］. Plant Cell Reports，7（5）：352-355.

Stuart D A，Strickland S G，1984. Somatic embryogenesis from cell cultures of medicago sativa，L. II. the interaction of amino acids with ammonium［J］. Plant Science Letters，34（1-2）：175-181.

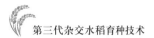

Suzuki T，Eiguchi M，Kumamaru T，et al.，2008. MNU induced mutant pools and high performance TILLING enable finding of any gene mutation in rice Mol Genet Genom，279（3）：213-223.

Tanksley S D，Ganal M W，Martin G B，1995. Chromosome landing：a paradigm for map-based gene cloning in plants with large genomes. Trend in Genetics，11（2）：63-68.

Till B J，Cooper J，Tai T H，et al.，2007. Discovery of chemically induced mutations in rice by TILLING BM C Plant Biol，7：9-30，15-18.

Usami S，Morikawa S，Takebe I，et al.，1987. Absence in monocotyledonous plants of the diffusible，plant factors inducing T-DNA circularization and vir，gene expression in Agrobacterium［J］. Molecular & General Genetics Mag，209（2）：221-226.

Veluthambi K，Krishnan M，Gould J H，et al. 删除，1989. Opines stimulate induction of the vir genes of the Agrobacterium tumefaciens Ti plasmid［J］. Journal of Bacteriology，171（7）：3696-703.

Wang N，Long T，Yao W，et al.，2013. Mutant resources for the functional analysis of the rice genome Mol Plant，6（3）：596-604.

Wang Z F，An J M，Kong J Q，2013. The development and application of red fluorescent proteins with DsRed-like chromophore. Zhongguo Shengwu Huaxue Yu Fenzi Shengwu Xuebao（Chinese Journal of Biochemistry and Molecular Biology），29（3）：197-206.

Weeks J T，Anderson O D，Blechl A E，1993. Rapid Production of Multiple Independent Lines of Fertile Transgenic Wheat（*Triticum aestivum*）［J］. Plant Physiology，102（4）：1077.

Wei F J，Droc G，Guiderdoni E，et al.，2013. International consortium of rice mutagenesis：Resources and beyond Rice，6（1）：3914.

Wilson Z A，Morroll S M，Dawson J，et al.，2001. The Arabidopsis MALE STERILITY1（MS1）gene is a transcriptional regulator of male gametogenesis，with homology to the PHD-finger family of transcription factors［J］. Plant Journal for Cell & Molecular Biology，28（1）：27-39.

Wu C，U X，Yuan W，et al.，2003. Development of enhancer traplines for functional analysis of the rice genome. Plant，35（3）：418−427.

Wu H M，Cheun A Y，2000. Programmed cell death in plant reproduction［J］. Plant Molecular Biology，44（3）：267−281.

Wu L，Wang X M，Xu R Q，Li H J，2011. Root infection and systematic colonization of DsRed−labelled fusarium verticillioides in Maize. Zuowu Xuebao（Acta AgronomicaSinica），37（5）：793−802.

Xia G M，Li Z Y，He C X，et al.，1999. Transgenic plant regeneration from wheat（*Triticum aestivum L.*）mediated by Agrobacterium tumefaciens. Acta Phytophysilolgica Sinica，25（1）：22−28.

Xu D H，Li B J，Liu Y，et al，1996. Identification of rice（*Oriza sativa L.*）signal factors capable of inducing vir genes expression. Science in China，30（1）：8−16.

Xu Y，Jia J F，Cheng K C，1990. Interaction and transformation of cereal cells with phenolics-pretreated Agrobacterium tumefaciens. Chin. J. Bot.，2：81−87.

Yanushevich Y G，Staroverov D B，Savitsky A P，2002. A strategy for the generation of non-aggregating mutants of anthozoa fluorescent proteins. Febs. Letters，511（1−3）：11−14.

Yarbrough D，Wachter R M，Kallio K. et al.，2001. Refined crystal structure of dsred，a red fluorescent protein from coral，at 2.0−a resolution. Proceedings of the National Academy of Sciences，98（2）：462−467.

Yu J，Hu S，Wang J，et al.，2002. A draft sequence of the rice genome（*Oryza sativa L. ssp. indica*）.［J］.Science，296（5565）：79−92.

Yuk I H，Wildt S，Jolicoeur M，et al.，2002. A GFP−based screen for growth−arrested，recombinant protein−producing cells［J］. Biotechnology & Bioengineering，79（1）：74.

Zhang W，Sun Y，Timofejeva L，et al.，2006. Regulation of Arabidopsis tapetum development and function by DYSFUNCTIONAL TAPETUM1（DYT1）encoding a putative bHLH transcription factor［J］. Development，133（16）：3085.

Zhang Y，Mao J X，Yang K，et al.，2008. Characterization and mapping of a male−sterility mutant，tapetum desquamation（t），in rice［J］. Genome，51（5）：368.

Zhu Y T，2010. The preliminary study on the construction of exogenous gene specific system

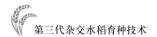

in transgenic rice endosperm using Dsred2. Thesis for M.S., Fujian Agriculture and Forestry University, Supervisor: Wang F., 11-13.

Zuo L, Li S C, Chu M G, et al., 2008. Phenotypic characterization, genetic analysis, and molecular map ping of a new mutant gene for male sterility in rice.Genome, 51（4）: 303-308.

第四章　第三代杂交水稻中间材料的鉴定

第一节　中间材料的分子鉴定

第三代杂交水稻技术本质上是利用转基因手段获得不含转基因元件的不育系，但其保持系是含有转基因元件的，根据农业农村部对转基因材料的要求，我们必须对转基因材料进行鉴定。农业农村部对转基因植物的安全评价分为4个阶段，即中间试验阶段、环境释放阶段、生产性试验阶段和安全证书申报阶段，不同的阶段对试验材料、鉴定方法、种植范围、种植规模等都有不同的要求。对安全评价不同阶段的试验材料的试验要求也不同，主要有以下几点：分子特征，包括表达载体相关资料、目的基因在植物基因组中的整合情况、外源插入片段的拷贝数、外源基因的表达情况；遗传稳定性，主要包括目的基因整合的稳定性、目的基因表达的稳定性及目标性状表现的稳定性；环境安全，主要包括生存竞争能力、基因漂移的环境影响、转基因植物的功能效率评价、有害生物抗性转基因植物对非靶标生物的影响、对植物生态系统群落结构和有害生物地位演化的影响及靶标生物的抗性风险；食用安全，主要包括新表达物质毒理学评价、致敏性评价、关键成分分析、全食品安全性评价、营养学评价、生产加工对安全性影响的评价、按个案分析的原则需要进行的其他安全评价。对不同阶段材料的鉴定方法

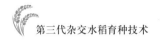

主要有PCR检测、Southern杂交、RT-PCR、Northern杂交、原位杂交、Western杂交、ELISA、芯片技术等方法。

植物转基因操作中，除利用抗生素抗性和除草剂抗性等选择基于排除非转化细胞而留存转化细胞，以及利用GUS和GFP等报告基因显示转基因成分外，更重要的是从分子水平鉴别出阳性转化体，明确目的基因在转基因植株中的拷贝数、转录与表达情况。下面将常用的转基因植株检测与鉴定方法作一概述。

一、PCR检测法

（一）常规PCR

PCR技术对目的片段的快速扩增实际上是一种在模板DNA、引物和4种脱氧核糖核苷酸存在的条件下利用DNA聚合酶的酶促反应，通过3个温度依赖性步骤（即变性、退火和延伸）完成的反复循环。经PCR扩增所得目的片段的特异性取决于引物与模板DNA间结合的特异性。根据外源基因序列设计出一对引物，通过PCR反应便可特异性地扩增出转化植物基因组外源基因的片段，而非转化植株不被扩增，从而筛选出可能被转化的植株。PCR检测所需的DNA量少，纯度要求也不高，不需用同位素，实验安全，操作简单，检测灵敏，效率高，成本低，成为当今转基因检测不可或缺的方法，被广泛应用。然而，PCR检测易出现假阳性结果。引物设计不合理，靶序列或扩增产物的交叉污染，外源DNA插入后的重排、变异等因素，都会造成检测的误差。因此常规PCR的检测结果通常仅作为转基因植物初选的依据，有必要对PCR技术进行优化，并对PCR检测为阳性的植株做进一步验证。

（二）优化PCR

对PCR技术进行优化，其目的在于提高扩增产物的特异性、推测目的基因的拷贝数及整合情况，从而提高检测的效率。优化的PCR技术常见的有多重PCR （multiplex PCR，MPCR）、降落PCR（Touchdown PCR，TD-PCR）、rpPCR、反向PCR（inverse PCR，IPCR）、实时定量PCR等。

1. 多重PCR

MPCR是在同一PCR反应体系中，使用多套针对多个DNA模板或同一模板的不同区域进行PCR扩增的方法。与普通PCR法相比，MPCR反应更快捷、更经济，只需1次PCR反应就能检测多个靶基因。Matsuoka等（2001）用该方法同时扩增出了转基因玉米的5种外源基因Bt11、Bt176、$Mort$810、T25、GA21。陈明洁等（2004）用MPCR对转基因小麦植株的报告基因uidA和选择基因hat进行扩增，MPCR的检测结果与单基因的PCR检测结里完全一致。由于MPCR技术是在同一反应中加多对引物同时对多个靶位点进行检测，因此对引物的要求较高，不同引物间的相互干扰应降至最低；扩增的目的片段的大小也不能太接近，否则凝胶电泳时难以分开，无法辨别。

2. 降落PCR

TD-PCR是一种在一个反应管或少数几个反应管中通过一系列退火温度逐渐降低的反应循环来达到最佳扩增目的基因的PCR方案。它通过体系自身的代偿功能弥补以反应体系和并非完美的循环参数所造成的不足，保证了最初形成的引物模板杂交体具有最强的特异性。尽管最后一些循环采用的退火温度会降到非特异的Tm值，但此时的扩增产物已开始几何扩增，在余下的循环中处于超过任何非特异性PCR产物的地位，从而使PCR产物仍然呈现出特异性扩增。R. H. Don（1991）等认为，PCR过程的前几个循环对于扩增产物的纯度非常重要，因此前几个循环较高的退火温度会增加引物与模板结合的特异性，TD-PCR方法可以阻止非特异性产物的形成。由于TD-PCR的策略是在较早的循环中避免低Tm值配对，故在TD-PCR中必须采用热启动技术。田路明等用TD-PCR对高羊茅转基因植株两个片段进行了扩增，结果表明TD-PCR能快速准确检测转基因植株。

3. rpPCR

由于外源基因整合到目标基因组时常发生重排，因此Southern杂交并不能清

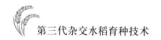

楚地分析转基因的拷贝数和整合情况。Kumar S.（2000）在研究转基因杨树的外源基因整合行为时发明了rpPCR方法。这种方法就是利用不同的引物进行配对，对基因组DNA扩增，根据不同的引物对的扩增情况及产物的大小来推定T-DNA的拷贝数、整合情况及拷贝的完整性等信息。与Southern杂交相比，该法的优点在于能比较方便快速地指出重复单位是否完整，并能表明这种重复的方向。此方法的不足之处是当有多拷贝整合在不同的染色体上时不能显示作用。

4. 反向PCR

IPCR与普通PCR的相同之处是都有一个已知序列的DNA片段，引物都分别与已知片段的两末端互补；不同的是对该已知片段来说，普通PCR两引物的3'末端是相对的，而IPCR则是相互反向的，因而IPCR可以扩增已知序列片段旁侧的未知序列。根据这一特点，可以对外源基因在植物基因组中整合的拷贝数进行分析，多拷贝位点整合时扩增产物在电泳图谱上呈现多条带，单拷贝时只得到单条带。然而，该技术要求DNA模板复杂度低于109bp，如果高于此值则不能获得理想的效果。另外，自连接（环化）的效率也是限制该技术成功的因素。

5. 实时定量PCR

实时定量PCR是一种在PCR反应体系中加入荧光基团，利用荧光信号积累实时监测整个PCR进程，最后通过标准曲线对未知模板进行定量分析的方法。其特点：特异性好，该技术通过引物或（和）探针的特异性杂交对模板进行鉴别，具有很高的准确性，假阳性低；灵敏度高，采用灵敏的荧光检测系统对荧光信号进行实时监控；线性关系好，由于荧光信号的强弱与模板扩增产物的对数呈线性关系，通过荧光信号的检测对样品初始模板浓度进行定量，误差小，操作简单，自动化程度高，实时定量PCR技术对PCR产物的扩增和检测在闭管的情况下一步完成，不需要开盖，交叉污染和污染环境机会少；没有后处理，不用杂交、电泳、拍照。Ingham D. J.等（2001）研究发现，可用双向实时定量PCR检测转基因植物中的外源基因拷贝数。他们通过对37个株系的实时定量PCR检测，发现仅有2个株系由于多个拷贝同时插入了1个位点而与Southern结果不符，其余35个株系的双向实时定量PCR检测结果与 Southern结果高度吻合，表明实时定量PCR技术可用于检测转基因植物的拷贝数。杜春芳等则建立了一种双重定量PCR技术鉴定转基因植物纯合子的新方法，该方法能鉴定出转基因植株是纯合型还是杂合型，并能准确鉴定出转化植株外源基因的拷贝数，为鉴定转基因植物的整合性提供了方便。

二、外源蛋白检测与鉴定法

外源基因在转化植株中的转录水平可以通过细胞总RNA和mRNA与探针杂交来分析，称为Northern杂交，它是研究转基因植株中外源基因表达及调控的重要手段。Northern杂交程序一般分为3个部分：植物细胞总RNA的提取、探针的制备、印迹及杂交。Northern杂交比Southern杂交更接近于目的性状的表现，因此更有现实意义。如竺晓平（2006）、刘君（2006）等用Northern杂交分别对马铃薯、水稻、烟草的目的基因表达进行了鉴定。

Northern杂交的灵敏度有限，对细胞中低丰度的mRNA检出率较低。因此在实际工作中，更多的是利用RT-PCR技术对外源基因转录水平进行检测。

RT-PCR的原理是在反转录酶作用下，以待检植株的mRNA反转录cDNA，再以cDNA为模板扩增出特异的DNA。因此，RT-PCR可在mRNA水平上检测目的基因是否表达。RT-PCR十分灵敏，能够检测出低丰度的mRNA，特别是在外源基因以单拷贝方式整合时，其mRNA的检出常用RT-PCR。Samia Diennane等（2002）把烟草还原酶基因NIA2经农杆菌介导导入马铃薯，经RT-PCR分析，NIA2基因在转基因马铃薯体内RNA水平得到表达。周苏玫等（2006）以皖麦48为受体导入反义trxs基因，研究抗穗发芽特性，用RT-PCR检测trxs基因的转录水平，结果表明反义trxs基因正常表达的阳性植株，Irxs基因mRNA的丰度极显著降低，从而起到抵制穗发芽的作用。由于RT-PCR是在总RNA或mRNA水平上操作，检测过程中必须注意RNA的降解和DNA的污染，另外还要设置严格的对照来防止假阳性结果的出现。

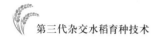

三、mRNA检测与鉴定法

尽管在mRNA水平也能一定程度地研究外源基因的表达，但存在mRNA在细胞质中被特异性地降解等情况，mRNA与表达蛋白质的相关性不高（相关系数低于0.5），基因表达的中间产物mRNA水平的研究并不能取代基因最终表达产物的研究。转基因植株外源基因表达的产物一般为蛋白，外源基因编码蛋白在转基因植物中能够正确表达并表现出应有的功能才是植物转基因的最终目的。外源基因表达蛋白检测主要利用免疫学原理，ELISA及Western杂交是外源基因表达蛋白检测的经典方法。

（一）ELISA检测

ELISA是酶联免疫吸附法（enzyme linked immunosorbent assay）的简称，基础是抗原或抗体的同相化及抗原或抗体的酶标记，把抗原抗体反应的高度专一性、敏感性与酶的高效催化特性有机结合，从而达到定性或定量测定的目的。ELISA有自接法、间接法和双抗夹心法之分，目前使用最多的是双抗夹心法，其灵敏度最高。一般ELISA为定性检测，但若作出已知转基因成分浓度与吸光度值的标准曲线，也可据此来确定样品转基因成分的含量，达到半定量测定。该方法已在棉花、辣椒、水稻、烟草、香茄等多种转化植株的检测中应用。使用ELISA检测外源基因表达蛋白具有便捷、灵敏、特异性好、试剂商业化程度高、成本低、适用范围广、试验结果易读等特点，但也存在易出现本底过高、缺乏标准化等问题。

（二）Western杂交

Western杂交是将蛋白质电泳、印迹、免疫测定融为一体的蛋白质检测技术。其原理：将聚丙烯酰胺凝胶电泳（SDS-PAGE）分离的目的蛋白原位固定在固相膜上（如硝酸纤维膜），再将膜放入高浓度的蛋白质溶液中温育，以封闭非特异性位点，然后在印迹上用特定抗体（一抗）与目的蛋白（抗原）杂交，再加入能与一抗专一结合的标记二抗，最后通过二抗上的标记化合物的性质进行检出。根据检出结果，可知目的蛋白是否表达、浓度大小及大致的分子量。此方法特异性高，可用于定性检测。由于Western杂交是在翻译水平上检测目的基因的表达结果，能够直接表现出目的基因的导入对植株的影响，一定程度上反映了转基因的成败，所以具有非常重要的意义，被广泛采用。该方法已应用于烟草、青蒿、枸杞、杨树等相关目的基因导入后的表达。Western杂交的缺点是操作烦琐，费用较高，不适合做批量检测。

四、转基因植株检测的其他技术

（一）基因芯片技术

生物芯片技术起源于核酸分子杂交，于20世纪80年代提出，90年代初期迅速发展，1991年Affymetrix公司 Fodor小组对原位合成的DNA芯片作了首次报道。生物芯片（biochip）是指高密度固定在固相支持介质上的生物信息分子（如寡核苷酸、基因片段、eDNA片段或多肽、蛋白质）的微阵列。生物芯片可分为基因芯片及蛋白质芯片，都可用于转基因植物的检测与鉴定，但目前应用潜力较大的是用于转基因植株中外源基因表达调控的eDNA芯片。eDNA芯片能够检测出由外源基因整合及外源基因不同的整合方式所引起的植物基因组任何微小的表达差异。将不同被测样品的mRNA分别用不同的荧光物质标记，各种探针等量混合与同一阵列杂交，可以得到外源基因表达强度差异的信息，从而实现外源基因表达调控的比对研究。如用基因芯片比较转基因植物和野生型植物的基因表达水平差异，*HAT*4基因在转基因植物中的表达水平是其野生型的50倍。将目前通用的报告基因、选择标记基因、目的基因、启动子和终止子的特异片段固定于玻片上制成检测芯片，与从待检植株抽提、扩增、标记后DNA杂交、杂交信号经扫描仪扫描，再经计算机软件进行分析判断，可对转化植株进行有效筛选。例如，利用基因芯片对转基因水稻、木瓜、大豆、玉米、油菜等作物的检测结果表明该方法快速、准确。

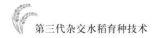

与常规技术相比，生物芯片技术的突出特点是高度并行性、多样性、微型化及自动化。目前，成本高的局限，使得该项技术的推广应用受到了限制，一些假阳性背景也使得其应用受限。相信随着生物技术的不断发展，计算机处理软件的进一步开发利用，生物芯片必将得到越来越多的应用。

（二）纸条技术

纸条技术与ELISA原理相似，不同之处是以硝化纤维膜代替聚苯乙烯反应板为固相载体。其原理：先将特异性抗体吸附在膜上，将膜放入混有样品的溶液中，蛋白质随着液相扩散，遇到抗体发生抗原-抗体反应，通过阴性对照筛选阳性结果，并给出转基因成分含量的大致范围。试纸条方法是一种快速简单的定性检测方法，将试纸条放在待测样品抽提物中，5～10min就可得出检测结果，检测过程不需要特殊仪器和熟练的技能，经济便捷，特别适用于田间和现场检测。Akiyama H. 等（2006）用试纸条检测了转基因水稻中 Cr'clae蛋白质的含量，精度可达0.012mg/g。但试纸条检测只能对特定的单一靶蛋白进行检测。另外，近来有文献报道了试纸条检测技术的新发展，可利用试纸条技术对样品中某一核酸序列进行特异性的检测，并且实现了在同一试纸条上对多个核酸序列的同时检测。这无疑拓展了这项技术的应用范围，有助于检测效率的提高。

（三）原位杂交技术

原位杂交是通过杂交确定被检物在样本中的原本位置，是目前外源基因在染色体上定位及外源基因在组织细胞内表达定位的主要方法。染色体DNA原位杂交可用来确定外源基因在染色体上的整合位置，对研究外源基因遗传特点具有重要意义。许多实验表明，位置效应是影响外源基因稳定及表达的重要因素。mRNA原位杂交可直观地观察到外源mRNA的表达以及不同发育时期表达是否有差异。外源基因表达蛋白的组织细胞免疫定位可用来确定表达蛋白在转基因植物组织及细胞中的分布，成为研究转基因植物中外源基因功能及外源蛋白稳定性的重要手段。A.P. Santos等报道了利用原位杂交技术使不同组织和物种在分裂间期的外源基因（包括单拷贝基因）和它的转录本可视化，与在细胞分裂中期研究基因行为相比，基因（外源基因）的表达主要是发生在染色体分裂间期，因此更直观、更有意义，有助于准确预测外源基因是否表达，可望减少外源基因后期检测时间。王递群等利用蛋白免疫原位杂交法研究了转基因植物外源基因表达，认为该法比Western杂交操作简便、有效可行，适用于在翻译水平上对转基因植物进行分子检测。

近几年还发展了一些新的外源基因的检测方法，如质谱分析、色谱分析、生物传感器、近红外光谱等，在转基因植物检测中都有应用。

随着分子生物学和植物基因工程的不断发展，植物转基因技术也越来越成熟，其最大的好处是可以打破自然界物种间原有的生殖隔离，促进基因在不同物种间的交流，极大地丰富变异类型，增大遗传多样性，为植物新品种的培育提供了丰富的种质资源。自1983年首次获得转基因植物以来，已有30多个科约200多种植物转基因成功，国际上相继有30多个国家批准3 000多种转基因植物进入田间试验，并在美国、加拿大、中国等20多个国家成功进行了商品化生产。人们也在应用越来越多的技术试验手段从不同水平对转基因产品及其加工品进行检测和监测，未来将会发展出更多更先进的技术来对其进行监测。

第二节　中间材料的表型鉴定

在水稻各个质源的不育系中，冈型不育系的分蘖最早达到稳定状态，7月18日以后就不再增长，最高分蘖维持在15个左右。其他5个不育系则在8月7日才稳定，较之冈型不育系迟了两周。在6个不同质源的不育系中，以K59A不育系的分蘖力最强，最高分蘖达到了20个，而D59A不育系分蘖力最低，最高分蘖为14个。这说明不同的细胞质源对不育系能达到的最高分蘖数都是有影响的。在育种

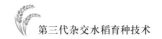

中若想杂种达到多蘖而增产的目的，以选用K型胞质不育系为佳。

不育系的株型性状在很大程度上决定着其杂种后代的株型及产量表现。而上三叶的叶角及长宽等性状对株型有着直接的影响。在生产上，现在我们一般认为株型较紧、叶片挺直、长宽适中而稍带卷曲者为能取得高产的株型性状。6个不同败育胞质不育系的主茎叶片数为11～14，主要是12～13片叶者居多，经方差分析差异不显著。以59B作核置换育成的6个质源不育系中，株型普遍紧凑，叶片挺直。

细胞质雄性不育的实质是细胞核和细胞质共同作用引起的不育。细胞质遗传属于母系遗传，广泛存在于高等植物中，一方面它可促使雄性不育的发生，另一方面对植物的农艺性状及生长发育等方面的性状都会产生不同程度的影响。多数研究对水稻雄性不育系农艺性状的遗传现象所得结论基本一致，由细胞质原因引起的不育系植株的抽穗期、植株高低和每株生产量与可育株不同，它们抽穗较晚、植株矮小、每株产量下降。

杂种优势利用是大幅度提高作物产量的重要而有效的途径。近年来中国在三系法和两系法杂交水稻育种研究上均取得了较大进展，目前仍保持世界领先水平。目前杂种优势利用方式限制因素较多，选育实用的优良杂交水稻组合难度较大，缺少突破性的恢复系和不育系。作物育种实践表明，突破性成就依赖于特异种质的发现及育种材料的构建（程式华，2000）。

三系法杂交水稻是经典的方法，优点是不育性稳定，不足之处是其育性受恢保关系制约，恢复系很少，保持系更少，因此选到优良组合的概率较低。

两系法的优点是配组的自由度很高，几乎绝大多数常规品种都能恢复其育性，因此选到优良组合的概率大大高于三系法杂交稻。此外，选育光温敏不育系的难度较小。其缺点是育性受气温高低的影响，而天气非人力能控制，若制种遇异常低温或繁殖遇异常高温，结果都会失败。

第三代智能不育系是将普通核不育水稻（武运粳7号）通过基因工程育成的遗传工程雄性不育系，不仅兼有三系不育系育性稳定和两系不育系配组自由的优点，又克服了三系不育系配组受局限、两系不育系可能"打摆子"和繁殖产量低的缺点。

　　第三代杂交水稻每个稻穗上约结一半有色的种子和一半
无色的种子（图4-1）。无色的种子是非转基因的、雄性不育
的，可用于制种，因此制出的杂交稻种子也是非转基因的；有
色种子是转基因的、可育的，可用来繁殖，其自交后代的稻穗
又有一半结有色、一半结无色的种子，利用色选机能将二者彻
底分开，因此制种和繁殖都非常简便易行。

　　其主要特征特性有以下几个方面：

　　将第三代杂交水稻中间材料与野生型水稻进行杂交，在海
南三亚和山东青岛种植，并进行田间观察鉴定，在抽穗期开始
对其进行育性调查。研究发现，该中间材料在苗期时叶色适
中，叶片直立矮壮，一般情况下其单株带蘖数为2~3个。该中

图4-1　第三代
杂交水稻稻穗

间材料在抽穗开花期，其雌蕊正常可育，雄蕊数量也为正常的6枚，但花丝细而
长，花药瘦小、干瘪并呈白色，花粉囊内无花粉粒，属于无花粉型雄性不育，
如图4-2所示，不育特性不受光温条件的影响。

图4-2　中间材料（右）与中花11（左）的形态特征比较
A. 植株　B. 穗子　C. 雌雄蕊

其成株时期，株高为100～105cm，较保持系矮3～5cm，主茎总叶片数为20片左右，伸长节间6～7个，其株型良好，生长清秀，不包茎，成熟时秆青籽黄、熟相较好，如图4-3所示。

图4-3　第三代杂交水稻中间材料的成熟期

碘染法试验镜检结果显示，完全未见花粉粒，而野生型亲本含有大量染色正常的花粉粒，表明中间材料是典型的无花粉型雄性不育，如图4-4所示。

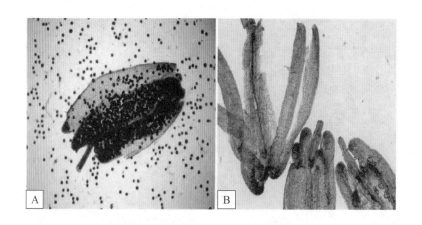

图4-4　中间材料（B）与野生型亲本（A）的花药KI-I2染色

中间材料的穗部形态穗层整齐，着粒密度适中，穗长16～17cm，每穗总粒数为120粒左右，千粒重为28g，繁种异交率为40%左右，易脱粒。谷粒椭圆，颖尖无色，谷壳秆黄，无芒，出糙率为84.4%，精米率为74.1%，垩白度为6.0%，透明度2级，胶稠度82，直链淀粉17.3%。其从播种至始穗期需要100～105d，与保持系同期抽穗或略迟1～2d，齐穗至成熟期需35d左右，全生育期145～148d。研究发现，其株高、每株穗数、穗长、每穗粒数、结实率和千粒重等无显著差异，如表4-1所示。

表4-1　中间材料与野生型亲本主要农艺性状比较

性状	对照	中间材料	比对照增减（%）
株高（cm）	103±2.6	105±2.6	1.94
每株穗数	6.5±1.1	6.7±1.2	3.08
穗长（cm）	16.5±0.8	17.3±1.0	4.85
每穗粒数	123±2.3	125±1.5	1.63
结实率（%）	78.9±0.6	0	−78.9
千粒重（g）	28±0.3	29±0.1	3.57

该中间材料分蘖能力较强，繁茂性较好，每亩最高分蘖数20万～21万，亩有效穗14万～16万。在抗病性方面，抗稻瘟病，中抗白叶枯病，且耐肥抗倒性强，但较易感条纹叶枯病。通过套袋鉴定，不育株率、不育度均达100%，不育性稳定。花粉败育类型以染败型为主（染败型占93%，圆败型占1.7%，典败型占4%），花粉败育时期以三核期为主，少部分为单核和二核阶段。

开花时间集中，开花高峰明显，不育系和保持系的花期基本同步，单穗花期5d左右，单株花期5～10d，群体花期12～13d。始穗当天即开花，见花后3～4d进入开花盛期，第5～6d达开花高峰，高峰期内开花量占总颖花量的70%左右。日开花动态：晴至多云天气，始花10∶30—11∶00，高峰11∶30—12∶00，终花13∶30—14∶00，历时3～3.5h。开花时间较保持系迟10～15min，阴天开花时间较上述天气迟1～2h。开花角度30°～35°，开闭颖历时50～70min，柱头不外露。

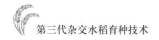

朱英国（1979）对不同来源的水稻雄性不育系和恢复系进行了研究，比较了它们的株高、穗长等生长性状，得出的结果显示：不育系细胞质不仅引起了植株雄性不育，还使植株某些数量性状发生变化，生理代谢发生异常，例如生育时期推后、穗颈较短、第一节间变短、植株变低等。沈圣泉（1997）研究显示，在多数性状上不育细胞质基因与核基因的互作效应和可育细胞质基因与核基因的互作效应存在或多或少的差异，比如雄性不育细胞质使植株的剑叶长度增加、单株穗数变多、抽穗延缓，细胞质和核之间的作用使结实率、单株穗数等特征以及植株的叶片长度、高度等性状受到影响。孙叶等（2006）研究了雄性不育系胞质对苏秋、六千辛、苏蕾水稻品种转育成的同核异质不育系主要经济性状的遗传效应，发现不育细胞质在每穗总粒数、抽穗期、千粒重、单株穗数4个性状上效应不显著，结实率、每株产量、植株高度、每穗粒数等性状上的不育系胞质负效应显著。陈萍（1992）和盛孝邦（1986）等研究发现各不育细胞质同核质互作效应对株高等性状具有显著作用，雄性不育胞质对杂交稻的成穗率、穗长、株高、结实率等多个农艺性状显示为负向效应，对抽穗期、最高分蘖数存在正向效应的情况，并且细胞质类型不同对性状的作用就存在差异。邢少辰等（1990）对水稻胞质不育系的研究结果显示，不育系胞质遗传现象多数是一种核质互作效应。该研究通过测量株高、穗长、单株有效穗数等多个农艺性状，发现雄性不育系对单株穗数、每穗粒数等性状的影响较大，而对生育期、穗子长度和株高的影响不大。黄兴国等（2011）的研究结果表示，胞质效应对剑叶长、宽及生育期的影响很小，对每穗粒数、植株高度等性状的影响较大。

参考文献

陈明洁，刘勇，涂知明，等，2004. 多重PCR法快速鉴定转基因小麦植株后代［J］. 华中科技大学学报（自然科学版），32（9）：105-107.

陈萍，1992. 不同不育细胞质对杂种优势效应的研究［J］. 杂交水稻（3）：42-44.

程式华，2000. 杂交水稻育种材料和方法研究的现状及发展趋势［J］.中国水稻科学，14（3）：165–169.

黄兴国，汪广勇，余金洪，等，2011. 水稻同核异质雄性不育系的细胞质遗传效应与细胞学研究［J］.中国水稻科学，25（4）：370–380.

刘君，韩烈保，2006. *CMD*与*BADH*双基因表达载体构建及在烟草中的表达［J］.中国生物工程杂志，26（8）：5–9.

沈圣泉，薛庆中，1997. 不同细胞质的核质互作对籼粳杂种F_1代主要农艺性状的影响［J］.中国水稻科学，11（1）：6–10.

盛孝邦，李泽炳，1986. 我国杂交水稻雄性不育细胞质研究的进展［J］.中国农业科学，19（6）：12–16.

孙叶，顾燕娟，张宏根，等，2006. 水稻3种不育细胞质遗传效应的比较研究［J］.扬州大学学报（农业与生命科学版），27（2）：1–4.

邢少辰，陈芳远，1990. 籼型杂交水稻不育系胞质对杂种一代主要农艺性状的影响［J］.基因组学与应用生物学（3）：15–22.

周苏玫，2006. 转反义*trxs*基因小麦株系00T89分子鉴定及康穗民芽特性研究［J］.生物工程学报，22（3）：438–494.

朱英国，1979. 水稻不同细胞质类型雄性不育系的研究作.作物学报，5（4）：29–38.

竺晓平，朱常香，宋云枝，等，2006. *CP*基因3'端短片段介导对马铃薯Y病毒的抗性［J］.中国农业科学，39（6）：1153–1158.

Akiyama H，Watanabe T，Kikuchi H，et al.，2006. A detection method of Cry1Ac protein for identifying genetically modified rice using the lateral flow strip assay［J］. Shokuhin Eiserqaku Zasshi，47（3）：111–114.

Ingham D J，Beer S，Money S，et al.，2001. Quantitative Real-time PCR assay for determining transgene copy number in transformed plant［J］. Biotechnology，31（1）：132–140.

Kimar S，Fladung M，2000. Determination of transgene repeat formation and promoter

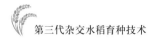

methylation in transgenic plants［J］. Bio Techniques，28：1128-1137.

Matsuoka T，Kuribara H，Akiyama H，et al.，2001. A multiplex PCR method of detecting recombinant DNAs from five lines of genetically modified maize［J］. Food Hyg，Soc Japan，42：24-32.

Samia D jennane，Jean-Eric Chauvin，Isabelle Quilleré，et al.，2002. Introduction and expression of a deregulated tobacco nitrate reductase gene in potato lead highly reduced nitrate levels in transgenic tubers［J］，Transgenic research（11）：175-184.

第五章　第三代杂交水稻在杂交育种中的应用

　　　　中国是一个人口和农业大国，保障粮食安全始终是农业科技的一项重要任务。目前农作物育种中应用最广泛、最有效的技术是杂交育种技术。从20世纪70年代至今，杂交水稻实现真正产业化已有40多年的历史，在此期间，杂交水稻技术也随着时间的推移不断地更新和发展，从最初的"三系法"到20世纪90年代以光温敏不育系为基本材料的"两系法"，每一次杂交稻技术的革新都使全国水稻种植生产乃至粮食生产发生了翻天覆地的变化。进入21世纪以来，科技的发展日新月异，随着人类对基因工程及分子生物学等领域的探索逐步进入更深的层次，以遗传工程不育系为核心技术的第三代杂交水稻横空出世，这将为杂交水稻技术的发展开启新的篇章。

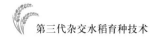

第一节　第三代杂交水稻的优势分析

利用杂种优势所遵循的亲本选配原则与常规杂交育种相同，但须特别注意两点：一是选配强优势的优良组合，要求两亲的亲缘关系较远、性状差异较大、优缺点互相弥补、配合力好、纯度高；二是杂交简便、制种成本低，要求两亲的开花期尽可能相近，并以丰产性较好的为母本，花粉量大的作父本，以利制种。利用杂种优势的方法因作物的传粉方式、繁殖方法和遗传特点不同而有区别。

异花授粉作物及群体遗传基础复杂，基因型众多，同一个体在遗传上也是杂合的。因此，首先要通过多代的人工选株自交，同时测定其配合力，选育出高度纯合的优良自交系，再组配成强优势的杂交种。

对于杂种优势在农业生产中的应用，一个重要环节是进行杂交种的高效制种。杂交玉米种子的通用制种方法是利用雌雄异花特性实现的，即人工（或利用机械）去除母本自交系的雄花，以另一自交系（父本）的花粉进行授粉获得杂交种子，其操作相对简单易行。因此，玉米的杂种优势利用得早，且体系成熟，应用广泛。雌雄同花植物（如水稻、小麦等）无法通过去除母本花粉的途径实现大规模制备杂交种子，利用具有花粉不育特性的植株作为母本制备杂交种子的技术体系就成为雌雄同花植物杂种优势利用的唯一途径。以雄性不育为技术核心的杂种优势利用体系中，技术关键是解决不育系种子的批量繁殖和杂交种子的规模化生产。对于水稻、小麦这两大人类主要粮食作物来说，围绕以雄性不育为技术核心的杂种优势利用体系中的任何技术革新，对世界粮食生产和粮食安全都有举足轻重的影响。

一、三系法杂种优势利用及其存在的问题

中国杂交粳稻研究始于1965年。当时云南省农业科学院在种植台北8号的稻田中发现天然不育株，于1969年育成滇I型红帽缨粳稻不育系（李铮友，1998）。这是中国最早育成粳稻不育系，但在生产上应用较迟。1972年BT型不育系台中65A（BT-C）引入中国后，由湖南省农业科学院转育成BT型黎明A（袁隆平，1988）；辽宁省农业科学院杨振玉教授通过籼粳杂交将籼稻IR 8的恢复基因引入粳稻，于1976年育成C57等C系统恢复系，实现了粳"三系"配套，杂交粳稻黎优57首先在东北推广应用。自此以后，BT型不育系成为中国粳稻杂种优势利用最主要的不育系类型（王才林，1989）。

近20年，无论南方还是北方，粳稻常规品种在产量和品质的改良方面均有突破，特别是直立穗高产品种的问世，使粳稻产量水平上了一个新台阶，被认为是粳稻中的理想株型。在杂交粳稻育种方面，近20年全国通过省级以上品种审定的组合有数十个，仅江苏省育成的组合就超过20个，如江苏徐淮地区徐州农科所选育的9优138、9优418、8优682、69优8号和徐优201，江苏省农业科学院粮食作物研究所选育的泗优422、86优8号，常熟市农科所选育的常优1号、常优2号和常优3号，盐都县农科所选育的盐优1号和盐优2号，江苏徐淮地区淮阴农科所选育的泗优9083、泗优9022和泗优418，江苏里下河地区农科所选育的泗优523，江苏中江种业公司选育的泗优12和苏优22，扬州大学选育的泗优88、陵风优18和陵香优18等等。尽管育成的杂交粳稻组合数不少，但从生产应用方面看，实际推广的组合并不多，推广面积不大；制种单位不少，但未形成产业化规模；种子生产和经营虽有效益可获，但对促进农业增产、增效的贡献不大。杂交粳稻发展缓慢（汤述翥，2008），杂交粳稻的杂种优势在实际应用中仅为10%左右，不如杂交籼稻的杂种优势强。

粳型三系不育系均由BT型资源与主栽粳稻品种育成，在粳稻中很难找到恢复系，典型籼粳间的遗传障碍又导致不能直接利用籼稻的恢复基因。因此，须通

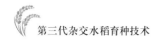

过"籼粳架桥"技术获得中间材料，在利用籼稻恢复基因的同时利用籼稻的广适性、抗逆性等优良有利基因。但是这种"籼粳架桥"技术获得的中间材料，其籼粳成分必须适度，籼型成分过多则不能适应北方的生态条件，籼型成分过少又不能扩大双亲间的遗传差距而扩大杂种优势。因此，尽管籼粳亚种间杂种优势十分突出，具有巨大的增产潜力，但生产上运用粳稻不育系所配杂种的优势利用实际上是部分亚种间杂种优势的利用。杂交粳稻优势不强的另一个原因是亲本之间遗传基础缺乏多样性，而且通过"籼粳架桥"技术获得的中间材料随即被广泛地用来转育成新的恢复系。据估计，到20世纪末国内应用的粳稻恢复系60%含有C57的亲缘，这是广泛转育的结果（杨振玉，1998）。有学者对北方杂交粳稻骨干亲本遗传差异进行SSR标记检测，结果23个骨干亲本中有16个被聚于同一组内，约占70%，足见北方杂交粳稻亲本间的遗传基础比较狭窄（邱福林，2005）。

此外，与野败型不育系相比，BT型粳稻不育系花粉败育时期较晚，不育性不如野败（WA）型籼稻不育系稳定，常给制种纯度带来影响；粳稻不育系柱头外露率低，开花习性较差，制种产量低而不稳。因此，许多种子公司怕承担生产经营风险而不选择BT型粳稻不育系作为制种亲本。

三系杂交稻利用的雄性不育系都属于核质互作型雄性不育类型。已发现的水稻不育细胞质来源有百种以上，但在生产上应用的仅有少数几种。中国推广的三系杂交稻以杂交籼稻为主，其中WA型不育系以其不育性稳定而得以在生产利用中占主导地位；杂交粳稻的推广面积较小，以利用BT型粳稻不育系为主。BT型粳稻不育系花粉败育发生在三核期，有淀粉粒充实，用I-KI可染色，不育性不如WA型籼稻不育系稳定，遇高温常发生自交结实，使杂种F1中出现大量不育株。BT型粳稻不育系的开花习性和异交习性也不如籼稻不育系，而且制种产量低。其开颖角度小，开花迟，柱头不外露或柱头外露率低，因此影响繁殖、制种的异交结实率和产量。特别是恢复系与不育系花时差异较大的组合，制种产量会受到更大影响，难以达到杂交籼稻的制种产量水平。

总之，三系杂交稻存在的问题日益凸显，在三系法基础上进一步完善杂交水稻育种技术是必然的。

二、两系法杂种优势利用及其存在的问题

两系法杂交水稻的研究始于1973年石明松发现的光敏核不育系农垦58S。它避免了三系法雄性不育细胞质单一化的潜在危害和对某些经济性状的负效应，提高了不育系种子和两系杂种的纯度，降低种子生产成本。由于光温敏核不育系能"一系两用"，在不育系繁殖过程中没有保持系，因而也避免了三系不育系极易出现的机械混杂保持系的现象。

历经40多年的研究，我国虽然利用两系育成了一批优良的品种，育种技术也已经成熟，但因其技术含量高，种子生产要求的环境条件严格，致使近几年在两系法杂交水稻的应用过程中出现了一些较为严重的问题（雷东阳，2009；何强，2004）。据不完全统计，2009年江苏、安徽、四川等地由于出现24℃左右的持续低温，近6 700hm²制种田的不育系育性敏感期正处在此阶段而导致育性波动，造成制种失败，直接经济损失近亿元，尤为严重的是将造成下年度强优势两系杂交稻组合种植面积减少130万hm²以上，间接经济损失无法估算。如果两用核不育系在自然条件下繁殖，由于不育系的可育温度范围很窄，育性敏感期很容易遇到超出可育温度范围的异常高温或低温而造成繁殖失败，影响了杂交稻种子的市场供求平衡。两用核不育系审定时的育性转换起点温度虽然达到审定和应用标准，但在生产应用过程中育性漂变和原种生产的技术不完善，致使不育起点温度逐步升高，严重影响到两系杂交种的纯度和制种安全，甚至导致制种失败（肖国樱，2000；肖层林，2000）。

总之，研究与应用证明，两系法的技术缺陷也很明显：由于两系不育系育性的转换受环境条件控制，因而制种和繁殖都受到时空条件的制约，不育系繁殖产量低和杂交种子纯度不达标的现象时有发生。此外，光温敏核不育系因繁殖代数的增加，其临界不育温度会发生漂移，如果不严格开展核心不育株的筛选，就会造成大规模制种的安全风险。两系法杂交水稻制种的安全性也是束缚两系法杂交

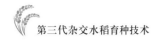

水稻目前仅适于在长江中下游和华南稻区发展的根本原因（邓兴旺，2013）。

三、第三代杂交稻及其优势

自1966年袁隆平先生报道隐性核不育水稻后，相继发现了许多同类不育材料。这类不育系的共同特点是不育性稳定、杂交制种安全，易于配制高产、优质、多抗组合，共同的缺点是无法实现批量繁殖不育系种子。针对这一问题，科学家们一直在研究利用分子设计方法解决不育系繁殖的难题，也先后提出了多种解决方案，主要包括：将显性不育基因与抗除草剂基因连锁转入受体作物品种中，利用除草剂筛选，即可得到雄性不育系，利用正常植株给不育系授粉，即可繁殖不育系；分离得到雄性不育株，如果雄性不育为代谢过程的关键基因突变导致花粉功能异常所致，则可通过外界添加突变造成的缺失的代谢中间物质（如氨基酸、黄酮等物质），使突变不育株恢复育性而得以繁殖，而不添加这些缺失的代谢必需物质即可得到不育系；分离得到雄性不育株后，确定育性恢复基因，利用条件控制（如诱导性）启动子驱动育性恢复基因的表达，并将其作为互补基因转入雄性不育株中，不给予适合的启动子表达条件时育性恢复基因不表达，即得到不育系，而给予适合启动子表达的条件时育性恢复基因表达，雄性不育株育性恢复而得以繁殖，也可以利用条件控制启动子驱动作物内源育性基因的抑制因子表达而达到上述同样的目的。以上这些方案在不同作物的实际生产中得到了不同程度的应用，但是，由于不育系的育性转换不能被完全精确地控制，或者不育系含有转基因而造成杂交种含有转基因等问题，它们都没有得到广泛的应用。随着分子设计育种思想和技术的进步，开发能够精确控制的不带转基因的不育系的繁殖技术，成为分子设计杂交育种技术领域亟须解决的问题。

中国是一个人口和农业大国，保障粮食安全始终是农业科技的一项重要任务。目前农作物育种中应用最广泛、最有效的技术是杂交育种技术。智能不育分子设计育种技术将现代生物技术和传统杂交育种方法相结合，是一项有效利用隐性细胞核不育特性进行杂种优势利用的全新方法。由于智能不育技术具有克服三系法和两系法杂交水稻育种存在的技术缺陷，这种技术的运用将成为杂交水稻领域的一次新的技术飞跃，推动杂交水稻研究与生产应用进入一个新的时代，其在杂交水稻上的成功应用将为在其他自花授粉作物中开展杂交育种提供一个很好的范例。该杂交育种技术在多种作物的广泛应用，必将带来粮食作物和经济作物的大规模增产，为确保世界粮食安全和提高人们的生活质量提供技术支持。

第二节　第三代杂交稻的研究现状

三系法受恢保关系的制约而对种质资源利用率低，两系法受自然光温影响，不育系在繁殖及保证杂交制种的种子纯度方面存在风险。现有技术对土地和水资源的利用已经接近极限，对农村环境的破坏也无可奈何，无论是从粮食安全的角度还是从可持续发展的角度，都要求中国高科技、规模化种业时代的到来。因此，利用现代分子生物技术，研发对种质资源利用率高、杂交制种安全、配组自由的新型分子设计育种杂交技术，已成为我国杂交水稻发展与保持国际领先地位的迫切需求，也是杂交水稻发展的必然趋势。2006年，随着先锋公司SPT技术的成功面世，以"分子设计技术"为核心的现代农业生物技术受到广大育种专家的重视，其对国家粮食安全的战略意义和对未来农业发展的巨大推动作用也得到了国务院的高度重视。

"863计划"现代农业技术领域把握时机，积极应对国际前沿技术的发展动态，于2009年立项启动实施了"水稻智能不育分子设计技术研究及新型不育系的创制"重点项目，开发新型智能不育系、开启植物杂种优势利用新征程的重大使命又一次落在杂交水稻育种工程者的肩头。项目重点突破水稻智能不育分子设计技术，创制不受环境限制的、稳定的、具有恢复功能的智能不育系，扩展水稻杂交育种的种质资源适用范围，提升作物育种的自主创新能力。

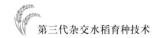

2010年9月，在中国科技部"国家高技术研究发展计划"（批准号为2009AA101201和2011AA10A107）的支持下，上述技术思想在水稻中率先得到了证实和应用，并被称为"智能不育杂交育种技术"或"第三代杂交水稻技术"。其利用可以稳定遗传的隐性雄性核不育材料，通过转入育性恢复基因恢复花粉育性，同时使用花粉失活（败育）基因使含转基因成分的花粉失活（败育），并利用荧光分选技术快速分离不育系与保持系两种类型的种子。第三代杂交技术是基于玉米SPT上重新设计的育制种技术，是生物技术与传统杂交技术的有机结合，能最大限度利用种质资源进行品种选育，且不受光温环境影响实现杂交种的高纯度稳定繁制。

第三代杂交水稻技术的成功，是许多科研工作者和科研团队共同努力付出应得的成果。2009年8月，未名兴旺系统作物设计前沿实验室（北京）有限公司（以下简称"前沿实验室"）宣告成立，邓兴旺出任公司首席科学家（兼董事长）。目前，前沿实验室聘请袁隆平院士担任高级顾问，还吸引了2位"千人计划"学者、3位海聚工程人才和4位中关村高端领军人才。

经过邓兴旺团队的实战攻坚，2010年下半年他的团队终于在第三代水稻杂交育种技术上取得了突破——"克服杂交水稻生产过程中对环境温度的依赖性，任何时间、任何地点，我们都能生产出杂交种子，所有的气候都可以适应"。据邓兴旺介绍，新技术解决了常规杂交育种过程中资源利用率低、育种周期长的瓶颈问题，建立了稳定的、能自我繁殖的、恢保一体的新型不育杂交育种体系。对此，"杂交水稻之父"袁隆平评价道，这样的新型不育系兼具三系法的稳定性和两系法配组灵活性的优点，比三系、二系又进了一步，并称之为"第三代杂交育种技术"。

同年，中国科技部网站对该重要技术突破进行了报道，这标志着该项目进展顺利，而且已取得了阶段性成果。2014年，邓兴旺领衔的团队创立的全球首例第三代水稻杂交育种技术终于开花结果。2017年3月，邓兴旺团队关于"第三代杂交水稻育种技术"的文章正式在国际知名期刊《PNAS》上发表，文章详细阐述了智能工程不育系的创制方法和流程，这标志着该项技术已经走向成熟。

同年，中国工程院院士袁隆平团队研发的第三代杂交水稻技术也通过验收。湖南省农学会组织的验收专家一致认为，这是理想的杂种优势利用方式，它的应用推广，有利于水稻杂种优势利用的进一步普及，有望为全球水稻种植带来新"福音"。据悉，通过该技术，袁隆平团队目前已获得稳定的粳稻和籼稻不育系。2016年12月，在海南三亚举行的国际海水稻学术论坛上，袁隆平团队宣布，将利用第三代杂交水稻技术开展杂交海水稻的研究。此外，海南神农科技有限公司也在进行相关研究，经过多年研究，取得水稻遗传智能育种技术（GAT）基础及应用研究的重要突破。

第三代杂交水稻技术已经基本成熟，其在水稻育种领域的优势也得到了广大专家的认可，但是，第三代杂交水稻的大面积推广还不确定，根据《农业转基因生物安全管理条例》的规定，现在还无法应用于大规模生产。事实上，通过第三代杂交水稻技术获得的种子不含转基因元件。2011年，先锋研发的玉米SPT技术通过了美国农业部和环境保护部门的法规审批，认定该技术生产的种子不含有转基因，安全性得到了认可。2012年SPT技术生产的玉米在美国全面上市。之后，该技术相继获得澳大利亚、日本免于转基因法规限制的认定。在不久的将来，或许第三代杂交水稻也会通过审核，正式面向市场。

第三节　第三代杂交稻的应用

第三代杂交水稻的创制途径并非单一，可从头创制，也可基于现有的阶段性成果进行创制。由于水稻品种的特性差异、愈伤诱导和分化力的差异、遗传转化率的影响，应根据品种特性确定最佳的创制方法。

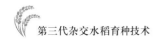

一、新保持系和不育系的创制

（一）基因工程途径第三代保持系创制技术体系

该途径完成的第三代保持系的创制必须有以下前提材料：要创制的品种对应的隐性核控制的育性基因突变的突变体。

第三代杂交水稻不育系的创制依赖的是水稻细胞核染色体上控制花粉发育的基因，当此基因发生隐性突变后，其植株表现为无法产生花粉或产生的花粉没有活力，从而表现为不育。通常将这种受单个隐性核基因控制的不育类型称为普通隐性核不育系。

育性突变体的获取可以通过自然突变或者人工诱变技术等方法获取。自然突变往往突变频率太低，而且不易筛选和定位，育性突变基因多以杂合体的形式保存；人工诱变虽然大大提高了突变的频率，但是突变往往存在极强的不确定性，需要消耗大量的资源才能筛选获得可用的突变株，仍无法在短时间内提供大量品系的育性突变体。

随着基因编辑技术的发展，通过基因编辑技术定向获得突变体是最快捷、最有效、最经济的方法。由于基因编辑敲除的基因是功能验证后的基因，所获得的突变体的育性有可靠保障。

（二）遗传表达载体构建

育性基因发生突变后，育性丧失，通过重新导入正常的育性基因以恢复其育性。第三代保持系创制技术的核心指导思想就是在纯合的雄性不育植株中转入连锁的育性恢复基因、花粉致死基因和报告基因，所获得的转化体是该雄性不育植株的第三代保持系，根据报告基因的存在控制花粉的基因型和判断后代种子是否具有育性，从而实现不育系和保持系的区分与繁殖。

要将外源目的基因片段转移至受体植株或细胞，必须依赖于载体作为媒介才能够实现，因此构建一个合适的植物表达载体是创制第三代保持系的必需条件。一个好的表达载体才能够将外源基因导入受体植株并正常表达，从而获得新的三代不育系。

本项基础研究通过发现新的花粉失活基因、报告基因，改善三连锁基因的连锁方法等，改造现有的三连锁基因，创新遗传表达载体的构建方法。同时，寻找除现有农杆菌之外的其他适于构建转基因遗传表达载体的载体，构建合适的植物表达载体，以将外源目的基因片段转移至受体植株或细胞，使外源基因片段准确、安全地整合到目的基因上。

（三）遗传转化体系

遗传转化体系的建立包括受体体系的建立和转化效率的筛选两部分。

良好的受体体系是保证第三代保持系创制成功的基础条件，建立了稳定高效的受体体系才能进行外源基因的转化和应用。接受外源（目的）基因的生命体系即"受体"，主要包括愈伤组织、原生质体等不同形态。愈伤组织的转化效率高、生长速度快，是快速检测外源基因表达的最好受体，根据待改良水稻品种的特性，建立其对应的愈伤诱导和再生体系，有利于快速获得转化植株。

现有的研究发现，粳稻和籼稻无论从愈伤组织的诱导还是愈伤组织分化发育成完整的植株，都有明显的差异，即使是不同品种的粳稻在愈伤组织的诱导和分化上也是不同的。要根据品种的特点进行愈伤组织和愈伤组织分化培养条件的探索、培养基配方的调整、诱导激素种类和浓度的组合探索，从而根据各个品种或一类品种开发出相对应的再生体系。

表达载体的转化方法多种多样，根据不同的水稻品种的特性，选取合适的转化方法才有利于快速获得第三代保持系。目前常用农杆菌介导的遗传转化，该方法也是目前水稻遗传转化最有效的常用方法之一。不同水稻材料在遗传转化时所需的实验条件也不完全相同，在第三代保持系创制过程中，需要根据待改良品种筛选相对适宜的转化条件，从而获得较高的转化效率，尽可能缩短第三代保持系

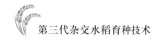

创制的周期。

粳稻和籼稻为水稻的两个亚种，二者的形态、生长习性、产量、外观、稻米品质和结构等有较显著差异，遗传转化过程也有很大差异，甚至粳稻之间或籼稻之间也有明显的差异。在确定要改造品种后，应针对该品种开发出适于此品种遗传转化体系，从而保证后续高效率的遗传转化。

杂交–回交途径第三代保持系的创制必须有以下前提材料：已经获得第三代保持系的材料，背景分子标记的开发。

基于水稻杂交染色体同源重组理论，将三连锁基因通过杂交的形式导入杂交后代，通过多代回交，对回交后代中含有不育基因同时含有三连锁基因的个体进行前景筛选。基于现有大量水稻全基因组数据和公开发表的文献，根据有差异性的SNP位点开发出背景分子标记，对这些标记进行筛选，获取能在杂交后代进行有效筛选的标记，利用到后续的背景筛选中，进而加快筛选进度。

二、第三代杂交水稻不育系的利用

第三代杂交水稻保持系的创制没有品种的限制，不受光温的影响，原则上将任何品种都可以改造成保持系和产生不育系。利用第三代杂交水稻保持系创制技术，将现有优良水稻品种改造成保持系，并产生不育系，利用不育系进行品种之间杂交配组，选育高产、优质优势配组。

三、展望

中国的杂交水稻技术一直处于世界领先地位，三系和两系育种确实功不可没。三系的恢保关系严重制约了水稻资源的充分利用；两系受光温控制的影响，在成本和种植空间上严重影响杂交配组的自由。第三代不育系的利用均提高了配组的自由度和机理分析的基础数据，相信随着基础数据的获取和分析，粳稻杂种优势不明显的机理，粳、籼杂交配合度不高的原因，粳、籼杂交范围的扩大，这些在杂交水稻育种过程中难以攻克的问题会有所突破。

参考文献

蔡立湘，黄金华，1995. 中国水稻杂种优势利用的成就与展望［J］. 科技导报，13（11）：42-45.

邓华凤，何强，舒服，等，2006. 中国杂交粳稻研究现状与对策［J］. 杂交水稻，21（1）：1-6.

邓兴旺，王海洋，唐晓艳，等，2013. 杂交水稻育种将迎来新时代［J］. 中国科学：生命科学，43（10）：864-868.

何光华，侯磊，李德谋，等，2002. 利用分子标记预测杂交水稻产量及其构成因素［J］. Journal of Genetics and Genomics，29（5）：438-444.

何强，蔡义东，徐耀武，等，2004. 水稻光温敏核不育系利用中存在的问题与对策. 杂交水稻，19（1）：1-5.

雷东阳，周晓娇，肖层林，等，2009. 两系杂交稻制种基地气象决策支持系统. 中国农业气象，30（1）：96-101.

李铮友，1998. 滇型籼粳杂交水稻育种实践与策略［J］. 杂交水稻（2）：1-3.

邱福林，庄杰云，华泽田，等，2005. 北方杂交粳稻骨干亲本遗传差异的SSR标记检测［J］. 中国水稻科学，19（2）：101-104.

施永祜，2014. 浅谈水稻三系的选育及其杂种优势的利用［J］. 农业与技术（8）：131-132.

汤述翥，张宏根，梁国华，等，2008. 三系杂交粳稻发展缓慢的原因及对策［J］. 杂交水稻，23（1）：1-5.

王才林，汤玉庚，1989. 我国杂交粳稻育种的现状与展望［J］. 中国农业科学，22（5）：8-13.

肖层林，周承恕，2000. 两系杂交种子纯度的影响因素与保纯技术. 杂交水稻，15（5）：12-14.

肖国樱，邓晓湘，唐俐，等，2000. 水稻光温敏核不育系育性波动解决途径和方法. 杂交水稻，15（4）：4-5.

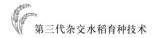
杨振玉，1998.北方杂交粳稻发展的思考与展望［J］.作物学报，24（6）：840-846.

袁隆平，陈洪新，1988.杂交水稻育种栽培学［M］.长沙：湖南科学技术出版社.

Matz M V，Fradkov A F，Labas Y A，et al.，1999 Fluorescent proteins from nonbio luminescent Anthozoa species. Nature Biotechnology，17（10）：969-973.

Perez Prat E，2002. Hybrid seed production and the challenge of propagating male-sterile plants. Trends in Plant Science，7（5）：199-203.

Williams M，Leemans J，1999. Maintenance of male-sterile plants. United States Patent：5977433，11-02.

第六章　第三代杂交稻安全性评价

第一节　转基因技术

一、转基因技术综述

转基因技术的理论基础来源于进化论衍生来的分子生物学。基因片段的来源可以是提取特定生物体基因组中所需要的目的基因，也可以是人工合成指定序列的DNA片段。DNA片段被转入特定生物中，与其本身的基因组进行重组，再从重组体中进行数代的人工选育，从而获得具有稳定表现特性的遗传性状的个体。该技术可以使重组生物增加人们所期望的新性状，培育出新品种。

（一）转基因技术发展历史

1974年，科恩（Cohen）将金黄色葡萄球菌质粒上的抗青霉素基因转到大肠杆菌体内，揭开了转基因技术应用的序幕（张群，2015）。

1978年，诺贝尔生理学或医学奖颁给发现DNA限制酶的纳森斯（Daniel Nathans）、亚伯（Werner Arber）与史密斯（Hamilton Smith），他们在《基因》期刊中写道：限制酶将带领我们进入合成生物学的新时代。

1982年，美国Lilly公司首先实现了利用大肠杆菌生产重组胰岛素，标志着世

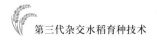

界第一个基因工程药物的诞生。

1992年荷兰培育出植入了人促红细胞生成素基因的转基因牛。人促红细胞生成素能刺激红细胞生成，是治疗贫血的良药。转基因技术标志着不同种类生物的基因都能通过基因工程技术进行重组，人类可以根据自己的意愿定向地改造生物的遗传特性，创造新的生命类型。转基因技术在药物生产中有着重要的利用价值。转基因技术包括外源基因的克隆、表达载体、受体细胞，以及转基因途径等。外源基因的人工合成技术、基因调控网络的人工设计发展，导致了21世纪的转基因技术将走向转基因系统生物技术。2000年国际上重新提出合成生物学概念，并将其定义为基于系统生物学原理的基因工程与转基因技术。

（二）转基因技术的操作流程

转基因目的多种多样，不同的人对转基因的理解和认识也是不同的，转基因技术为我们的科学研究带来了巨大的变革和便利。转基因技术主要有以下操作流程：

1. 提取目的基因

从生物有机体复杂的基因组中分离出带有目的基因的DNA片段，或者人工合成目的基因，或从基因文库中提取相应的基因片段、用PCR技术进行目的基因的增殖。

2. 将目的基因与运载体结合

在细胞外，将带有目的基因的DNA片段通过剪切、粘合连接到能够自我复制并具有多个选择性标记的运输载体分子（通常有质粒、T4噬菌体、动植物病毒等）上，形成重组DNA分子。

3. 将目的基因导入受体细胞

将重组DNA分子注入受体细胞（亦称宿主细胞或寄主细胞），将带有重组体的细胞扩增，获得大量的细胞繁殖体。

4. 目的基因的筛选

从大量的细胞繁殖群体中，通过相应的试剂筛选出具有重组DNA分子的重组细胞。

5. 目的基因的表达

将得到的重组细胞进行大量的增殖。

（三）转基因技术的分类

转基因过程按照途径可分为人工转基因和自然转基因，按照对象可分为植物转基因技术、动物转基因技术和微生物基因重组技术。

1. 人工转基因

将人工分离和修饰过的基因导入生物体基因组，植物基因工程由于导入基因的表达，引起生物体性状的可遗传的修饰，这一技术称为转基因技术（transgene technology）。人们常说的"遗传工程""基因工程""遗传转化"均为转基因的同义词。如今，改变动植物性状的人工技术往往称为转基因技术（狭义），而对微生物的操作则一般称为遗传工程技术（狭义）。经转基因技术修饰的生物体在媒体上常称为"遗传修饰过的生物体"（genetically modified organism，简称GMO）。

2. 自然转基因

自然转基因，即转基因不是人为导向的，自然界里动物、植物或微生物自主形成的转基因现象，例如慢病毒载体里的乙型肝炎病毒DNA整合到人精子细胞染色体上、噬菌体将自己的DNA插入溶源细胞DNA上、农杆菌和花椰菜花叶病毒（CMV）等。

3. 植物转基因

转基因植物是基因组含有外源基因的植物。通过原生质体融合、细胞重组、遗传物质转移、染色体工程技术，有可能改变植物的某些遗传特性，培育出高产、优质、抗病毒、抗虫、抗寒、抗旱、抗涝、抗盐碱、抗除草剂等的作物新品种，如玉米稻、北极鳄梨、转基因三倍体毛白杨。可用转基因植物或离体培养的细胞来生产外源基因的表达产物，如人的生长激素、胰岛素、干扰素、白介素

2、表皮生长因子、乙型肝炎疫苗等基因已在转基因植物中得到表达。

4. 动物转基因

转基因动物就是基因组含有外源基因的动物。它是按照预先的设计，通过细胞融合、细胞重组、遗传物质转移、染色体工程和基因工程技术，将外源基因导入精子、卵细胞或受精卵，再以生殖工程技术，有可能育成转基因动物。通过生长素基因、多产基因、促卵素基因、高泌乳量基因、瘦肉型基因、角蛋白基因、抗寄生虫基因或抗病毒基因等基因转移，可能育成生长周期短，产仔、生蛋多，泌乳量高，皮毛品质与加工性能好，并具有抗病性，已在牛、羊、猪、鸡、鱼等家养动物中取得一定成果。由于转基因动物受遗传镶嵌性和杂合性的影响，其有性生殖后代变异较大，难以形成稳定遗传的转基因品系。因而，尝试将外源基因导入线粒体，再送入受精卵中，由于线粒体的细胞质遗传，其有性后代可能全都是转基因个体，从而解决这一问题。

5. 微生物重组

在所有转基因技术中，以微生物基因重组技术应用最为宽泛和常见。与动植物不同的是，微生物重组技术通常需要用到专门的重组基因载体——质粒。质粒是一种细胞质遗传因子，因此具有不稳定的遗传特性。但相比于动植物，微生物重组技术具有周期短、效果显著、控制性强的特点，因而广泛应用于生物医药和酶制剂行业。经过多年的发展，现已在微生物领域中开发出酵母表达系统、大肠杆菌表达系统和丝状真菌表达系统，其中毕赤酵母表达系统和大肠杆菌表达系统最受欢迎，具有表达效率高（外源蛋白占细胞总蛋白的10%～40%）、生产成本低等特点，一般常见的诸如胰岛素、白细胞介素、α-高温淀粉酶、重组人p53腺病毒注射液、啤酒酵母乙肝疫苗、抗生素、饲料用木聚糖酶、壳聚糖酶等都是由这两种表达系统生产的。

（四）转基因技术的原理

转基因技术的原理是将人工分离和修饰过的优质基因，导入生物体基因组，从而达到改造生物的目的。导入基因的表达引起生物体的性状可遗传的修饰改变，这一技术称为人工转基因技术（transgene technology）。人工转基因技术就是把一个生物体的基因转移到另一个生物体DNA中的生物技术，具有不确定性。常用的方法和工具包括显微注射、基因枪、"电击转化"法、脂质体包埋法等。转基因技术最初用于研究基因的功能，即把外源基因导入受体生物体基因组内（一般为模式生物，如拟南芥或斑马鱼等），观察生物体表现出的性状，达到揭示基因功能的目的。

1. 植物

转基因植物是基因组含有外源基因的植物。原生质体融合、细胞重组、遗传物质转移、染色体工程技术获得，可改变植物的某些遗传特性，培育优质新品种，或生产外源基因的表达产物，如胰岛素等。在过去的20年里，随着分子生物学各领域的不断发展，植物基因的分离、基因工程载体的构建、细胞的基因转化、转化细胞的组织培养、植株再生及外源基因表达的检测等各项技术日趋成熟和完善，有关植物基因工程的研究也日新月异，许多以前根本不可能的基因转化工作在越来越多的植物上获得成功。

研究转基因植物的主要目的是提高多肽或工业用酶的产量，改善食品质量，提高农作物对虫害及病原体的抵抗力。常规的药用蛋白大部分是利用生化的方法提取或微生物发酵获得的，这类活性物质一般在活细胞中含量甚微，且提取过程复杂，成本高，远远满足不了社会的需要。应用转基因植物来生产这些药用蛋白，包括疫苗、抗体、干扰素等细胞因子，可以利用植物大田栽种的方式大量生产，大幅度降低生产成本，提高产量，还可以获得常规手段无法获得的药物。

利用植物来生产疫苗的最大优点是它可以作为食品直接口服。通过各种植物转基因技术将多肽疫苗基因转入植物，从而得到表达多肽疫苗的转基因植物。随着抗体基因工程能将抗体基因（从小的活性单位到完整抗体的重、轻链基因）从单抗杂交瘤中分离出来，人们就开始想办法利用转基因植物来表达这些抗体。

1989年Hitta A. 将鼠杂交瘤细胞产生的抗体基因转入烟草细胞获得了植物抗

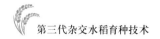

体，并且发现植物抗体具有杂交瘤来源抗体同样的抗原结合能力，即有功能性。此后，全长抗体、单域抗体和单链抗体在转基因植物中均获得成功表达。用植物抗体进行局部免疫治疗将是一个引人瞩目的领域，应用高亲和性抗体进行局部治疗可以治愈龋齿及其他一些常见病。植物转基因可获得更多的新品种，蔬菜、水果、花卉都能够在保留其优良品质的情况下优化。

2. 动物

人工转基因动物就是基因组含有外源基因的动物。按照预先的设计，融合重组细胞、遗传物质转移、染色体工程和基因工程技术将外源基因导入精子、卵细胞或受精卵，再利用生殖工程技术，有可能育成转基因动物。通过生长素基因、多产基因、促卵素基因、高泌乳量基因、瘦肉精基因、角蛋白基因、抗寄生虫基因、抗病毒基因等基因转移，可能育成优良的可养殖品种。

基因动物是指用实验导入的方法将外源基因在染色体基因内稳定整合并能稳定表达的一类动物。1974年，Jaenisch应用显微注射法，在世界上首次成功地获得了SV40DNA转基因小鼠。其后，Costantini将兔β-珠蛋白基因注入小鼠的受精卵，使受精卵发育成小鼠，表达出了兔β-珠蛋白；Palmiter等把大鼠的生长激素基因导入小鼠受精卵内，获得"超级"小鼠；Church获得了首例转基因牛（谢辉，2006）。到目前为止，人们已经成功地获得了转基因鼠、鸡、山羊、猪、绵羊、牛、蛙以及多种转基因鱼。

我们还可将转基因动物作为生物工厂（biofactories），包括乳腺生物反应器和输卵管生物反应器等，如以转基因小鼠生产凝血因子IX、组织型血纤维溶酶原激活因子（t-PA）、白细胞介素2、α1-抗胰蛋白酶，以转基因绵羊生产人的α1-抗胰蛋白酶，以转基因山羊、奶牛生产LAt-PA，以转基因猪生产人血红蛋白等，这些基因产品具有高效、优质、廉价的优点，与相应的人体蛋白具有同样的生物活性，且多随乳汁分泌，便于分离纯化。基于系统生物学的发展，转基因系统生物技术-合成生物学成为单基因、多基因乃至基因组设计、合成与转基因的新一代生物技术。

人工转基因动物受遗传镶嵌性和杂合性的影响，其有性生殖后代变异较大，难以形成稳定遗传的转基因品系。因而，尝试从受体动物细胞中分离出线粒体，以外源基因对其进行离体转化，再将人工转基因线粒体导入受精卵，所发育成的人工转基因动物，雌性个体外培养的卵细胞与任一雄性个体交配或体外人工授精，由于线粒体的细胞质遗传，其有性后代可能全都是人工转基因个体。

（五）转基因动植物获得的遗传转化方法

遗传转化的方法按其是否需要通过组织培养再生植株，通常可分成两大类：第一类需要通过组织培养再生植株，常用的方法有农杆菌介导转化法、基因枪法；另一类方法不需要通过组织培养，比较成熟的方法主要有花粉管通道法，花粉管通道法是中国科学家周光宇于20世纪80年代初期提出的。

1. 农杆菌介导转化

农杆菌是普遍存在于土壤中的一种革兰阴性细菌，它能在自然条件下趋化性地感染大多数双子叶植物的受伤部位，并诱导产生冠瘿瘤或发状根。根癌农杆菌和发根农杆菌的细胞分别含有Ti质粒和Ri质粒，其上有一段T-DNA，农杆菌通过侵染植物伤口进入细胞后，可将T-DNA插入植物基因组，因此农杆菌是一种天然的植物遗传转化体系。人们将目的基因插入经过改造的T-DNA区，借助农杆菌的感染实现外源基因向植物细胞的转移与整合，然后通过细胞和组织培养技术，再生出转基因植株。

农杆菌介导法起初只被用于双子叶植物，自从技术瓶颈被打破之后，农杆菌介导转化在单子叶植物中也得到了广泛应用，其中水稻已经被当作模式植物进行研究。

2. 花粉管通道法

在授粉后向子房注射含目的基因的DNA溶液，利用植物在开花、受精过程中形成的花粉管通道，将外源DNA导入受精卵细胞，并进一步被整合到受体细胞的基因组中，随着受精卵的发育而成为带转基因的新个体。该方法于20世纪80年代

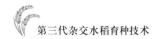

初期由中国学者周光宇提出，中国目前推广面积最大的转基因抗虫棉就是用花粉管通道法培育出来的。该法的最大优点是不依赖组织培养人工再生植株，技术简单，不需要装备精良的实验室，常规育种工作者易于掌握。

3. 核显微注射法

核显微注射法是在显微镜下将外源基因注射到受精卵细胞的原核内，注射的外源基因与胚胎基因组融合，然后进行体外培养，最后移植到受体母畜子宫内发育，这样分娩的动物体内的每一个细胞都含有新的DNA片段。此法是动物转基因技术中最常用的方法。这种方法的缺点是效率低、位置效应（外源基因插入位点随机性）造成的表达结果不确定性、动物利用率低等，在反刍动物还存在着繁殖周期长、有较强的时间限制、需要大量的供体和受体动物等特点。

4. 基因枪法

利用火药爆炸或高压气体加速（这一加速设备称为基因枪），将包裹了带目的基因的DNA溶液的高速微弹直接送入完整的植物组织和细胞中，然后通过细胞和组织培养技术再生出植株，选出其中转基因阳性植株即为转基因植株。与农杆菌转化相比，基因枪法转化的一个主要优点是不受受体植物范围的限制，其载体质粒的构建也相对简单，所以该方法也是转基因研究中应用较为广泛的一种方法。

5. 精子介导法

精子介导的基因转移是把精子作适当处理后，使其具有携带外源基因的能力，用携带有外源基因的精子给发情母畜授精，在母畜所生的后代中就有一定比例的动物是整合外源基因的转基因动物。同显微注射方法相比，精子介导的基因转移有两个优点：它的成本很低，只有显微注射法成本的1/10；它不涉及对动物进行处理，因此可以用生产牛群或羊群进行实验，以保证每次实验都能够获得成功。

6. 核移植转基因法

体细胞核移植是一种转基因技术：先把外源基因与供体细胞在培养基中培养，使外源基因整合到供体细胞上，然后将供体细胞细胞核移植到受体细胞——

去核卵母细胞，构成重建胚，再把其移植到假孕母体，待其妊娠、分娩，便可得到转基因的克隆动物。

7. 体细胞核移植法

先在体外培养的体细胞中进行基因导入，筛选获得带转基因的细胞。然后，将带转基因体细胞核移植到去掉细胞核的卵细胞中，生产重构胚胎，重构胚胎经移植到母体中，产生的仔畜百分之百是转基因动物。

（六）转基因动植物的应用领域

目前，转基因技术已广泛应用于医药、工业、农业、环保、能源、新材料等领域。

1. 药物领域

目前已有基因工程疫苗、基因工程胰岛素和基因工程干扰素等药物。使用基因拼接技术或DNA重组技术（即转基因技术），按照人们的意愿，定向地改造生物的遗传性状，产生出的基因产物即为药物原料和药品。

（1）基因工程疫苗

使用DNA重组生物技术，把天然的或人工合成的遗传物质定向插入细菌、酵母菌或哺乳动物细胞中，使之充分表达，经纯化后而制得的疫苗即为基因工程疫苗。应用基因工程技术能制出不含感染性物质的亚单位疫苗、稳定的减毒疫苗及能预防多种疾病的多价疫苗。目前已经商业化使用的部分基因工程疫苗有乙肝疫苗、丙肝疫苗、百日咳基因工程疫苗、狂犬病基因工程灭活疫苗、肠道病毒71型基因工程疫苗、产肠毒素大肠杆菌基因工程疫苗、轮状病基因工程疫苗、Asia Ⅰ型口蹄疫病毒（FMDV）的感染表位重组蛋白疫苗、弓形虫基因工程疫苗、肠出血性大肠杆菌基因工程疫苗等。

（2）基因工程胰岛素

在2013年举办的第七届联合国糖尿病日主题活动上，与会专家指出"中国目前糖尿病患者数达1.14亿，占全球的1/3"。糖尿病的病因是胰岛素分泌缺陷或其

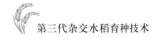

生物作用受损，所以最常用的治疗方法就是以注射胰岛素的方式补充人体内胰岛素。要获得胰岛素，最初只能从牛和猪的胰脏中提取。但是，每100kg动物胰腺只能提取出4~5g胰岛素，产量低，远不能满足患者的需求。20世纪80年代初，美国一家公司通过转基因技术实现了人体胰岛素的工业生产。其原理是，将人的基因中负责表达胰岛素的那一段"剪切"下来，转入大肠杆菌或者酵母菌里，通过后者的快速增殖达到人体胰岛素的大量生产。这样，全球大多数糖尿病人才得到了很好的胰岛素治疗。

2. 食品领域

利用分子生物学技术，将某些生物的基因转移到农作物中去，改造生物的遗传物质，使其在性状、营养品质、消费品质方面向人类所需要的目标转变，从而得到转基因农作物。以转基因生物为直接食品，作为原料加工生产的食品，以及喂养家畜得到的衍生食品，在广义上都可以称为转基因食品。因其安全性被广泛质疑，国际社会对其尚存有很大争议。

转基因食品的研究已有几十年的历史，但真正的商业化是近十几年的事。20世纪90年代初，市场上第一个转基因食品出现在美国，是一种保鲜番茄。这项研究成果本是在英国研究成功的，但英国人没敢将其商业化，美国人便成了第一个吃螃蟹的人，让保守的英国人后悔不迭。此后，转基因食品一发不可收。据统计，美国食品和药物管理局确定的转基因品种已有43种。如常见的农作物转入*Bt*（苏云金芽孢杆菌）基因和*Ht*基因。*Bt*基因编码的是苏云金芽胞杆菌分泌的一种对鳞翅目、鞘翅目昆虫（比如小菜蛾）有毒的蛋白质，携带有*Bt*基因的农作物在生长时亦能自己产生这种毒性蛋白，因此不需要使用农药，靠农作物自身杀虫。这种毒蛋白只对虫子有效，尚未有证据显示其对人类或其他哺乳动物有致毒致敏作用。Ht基因又称抗除草剂基因，它指导的蛋白质能够在植物体内分解除草剂物质，使植物获得抵抗高浓度除草剂的能力。因此在田间喷洒除草剂之后，杂草会因为对除草剂的抵抗力不足而被杀死，而农作物得以正常存活。相对于非转基因农作物使用机械来除草，种植转Ht基因的农作物更加经济。

（七）已经获批的转基因作物

截至2013年9月，我国批准了多项转基因生产应用安全证书，现在有效期内的作物有棉花、水稻、玉米和番木瓜，其中只有棉花、番木瓜批准商业化种植。证书的发放是根据研发人的申请和农业转基因生物安全委员会的评审，经部级联席会议讨论通过后批准的，有效期一般为5年。证书的批准信息已经在农业农村部相关网站上公布，各批次的批准情况都可以查询。

取得了转基因生产应用安全证书，一般只用于科研，并不能马上进行商业化种植。按照《中华人民共和国种子法》的要求，转基因作物还需要取得品种审定证书、生产许可证和经营许可证，才能进入商业化种植。截至2013年9月，转基因水稻和转基因玉米尚未完成种子法规定的审批，没有商业化种植。而之前获得生产应用安全证书的番茄和甜椒的转基因品种，已因为无明显优势而被市场淘汰，证书已过期。

我国批准进口用作加工原料的转基因作物有大豆、玉米、油菜、棉花和甜菜，这些食品必须获得我国的安全证书。而在美国，转基因食品无处不在，充斥着美国大大小小的超市与农产品购物中心。当地媒体列出了前十大转基因食品，包括玉米、大豆、棉花、木瓜、大米、番茄、油菜籽、乳制品、马铃薯和豌豆。美国自产的玉米、大豆等转基因食品出口量约占总产量的40%，大部分是在美国国内出售。就玉米而言，美国食品药品管理局曾表示，市面上出售给消费者的玉米几乎都是转基因玉米，而美国知名的农业科技公司孟山都公司也承认，美国半数农场使用转基因玉米种子。欧盟仅有MON810转基因玉米这一种转基因作物在种植。根据欧盟委员会公布的数据，欧盟转基因玉米种植面积仅占全欧盟玉米种植面积的1.56%，其中西班牙的种植面积最大。

二、水稻转基因技术

水稻转基因技术是指把从动物、植物或微生物中分离到的目的基因，通过各

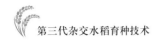

种方法转移到水稻的基因组中，使之稳定遗传并赋予水稻抗虫、抗病、抗逆、抗除草剂、高产、优质等新的农艺性状。

20世纪80年代中后期，随着水稻原生质体培养技术的迅速发展，以水稻原生质体为受体的PEG法、"电击转化"法、脂质体包埋法成为当时水稻转化的主要技术，1988年获得了第一批转基因水稻再生植株（黄德林，2007）。1991年，Christou等用基因枪转化技术获得了转基因水稻植株，基因枪转化技术的建立将水稻遗传转化研究推向了一个新的高潮，有力地促进了水稻基因工程的发展（黄德林，2007）。1994年，Hiei等建立了农杆菌介导的高效粳稻遗传转化体系，促使水稻的这一遗传转化方法达到了应用的阶段（黄德林，2007）。目前，国内外学者普遍重视水稻农杆菌介导转化技术，农杆菌介导的水稻遗传转化方法已达到了应用的阶段，逐步成为水稻转化的主流技术。

利用基因工程技术将水稻基因库中不具有的抗除草剂、抗虫、抗病、抗病毒、耐盐基因，以及改善稻米品质基因、丰产基因和抗逆基因引入水稻的细胞中，并使其在寄主细胞内稳定地遗传和表达，已成为可能，实现了单靠传统育种方法无法实现的遗传重组，使育种能力大大提高，加快了基因工程技术的应用和产业化发展。有关水稻基因工程育种研究有以下几个方面的进展：

（一）水稻抗除草剂基因工程

水稻抗除草剂基因工程是最早涉及的领域之一，目前主要是将抗除草剂外源基因导入杂交水稻的恢复系或将此基因转育到恢复系，利用转化的抗除草剂水稻恢复系制种，以此解决杂交稻F1种子纯度的问题。

（二）水稻抗虫基因工程

针对螟虫、稻飞虱这两类在水稻生产中危害最为严重的虫害进行基因工程育种研究是近年来国内外水稻转基因研究发展最快的方向之一。植物抗虫基因工程所使用的抗虫基因主要有BT毒蛋白基因、蛋白酶抑制剂P3基因、淀粉酶抑制剂基因、外源凝集素基因、几丁质酶基因、胆固醇氧化酶基因、营养杀虫蛋白基因、核糖体失活蛋白基因、蝎子神经毒蛋白基因、昆虫激素基因、昆虫多角体病毒等。

（三）抗病基因工程

利用基因工程手段导入抗菌肽基因和来自野生稻的Xa21基因，为水稻抗细菌性病害如白叶枯病等的育种研究开辟了一条新的途径；利用几丁质酶基因和β-1，3-葡聚糖酶基因、病毒外壳蛋白基因等，在提高水稻抗真菌性病害、病毒性病害方面也显示出了诱人的应用前景。随着植物基因工程的发展，人们有望不久就可使水稻抗病基因育种达到实用水平（黄德林，2007）。

（四）淀粉品质改良基因工程

淀粉合成的分子生物学研究过程中发现，淀粉的合成过程受到一系列酶的调控，在合成的最后阶段涉及3个关键性的酶：ADPG焦磷酸化酶、淀粉合成酶和淀粉去分支酶。利用控制淀粉合成相关基因对马铃薯等一些作物进行转化，在增加淀粉含量、改变淀粉中直链淀粉的含量方面已经取得了一些可靠结果。

此外，转基因技术在水稻雄性不育、抗逆境育种、延缓叶片衰老等方面也取得可靠的结果。

三、转基因水稻的分类

根据对转基因水稻相关学科的认识和检索到的2602件有关转基因水稻专利的基础文献的技术分类，确定转基因水稻的技术分类大致应分为两大类、12中类、30小类。转基因水稻技术两大类有与转基因水稻相关的其他技术和导入外源目的基因。与转基因水稻相关的其他技术包括转化受体体系、转基因方法，水稻基因定位与克隆、育种、栽培、杂交制种，分子标记；导入外源目的基因包括抗虫基因、抗病基因、抗逆基因、品质性状改良基因、抗病毒基因、抗除草剂基因、丰

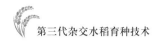

产性状改良、抗盐碱基因、药用蛋白基因和其他基因。

在上述导入外源基因和与转基因水稻相关的其他技术的两大分类中，最常用的是导入外源目的基因，从而达到获得具有抗虫、抗病、抗逆、品质性状改良、抗除草剂、丰产性状改良等基因的转基因水稻，而导入目的基因主要集中在抗虫基因、抗病基因、提高品质性状基因（主要为改变水稻淀粉性状基因）、抗除草剂基因和丰产基因五大类型，也就是说，这五项基因导入技术构成了转基因水稻的核心技术。

（一）丰产基因水稻

丰产基因水稻利用植物遗传工程技术将控制植物光合作用、叶片衰老以及淀粉合成的有关基因，如*PEPC*基因、丙酮酸磷酸二激酶基因、NAIR-苹果酸酶基因、异戊烯基转移酶基因、ADP葡萄糖酸化酶基因，进行合理构建后导入水稻，创造出光合效率高、叶片不早衰、种子淀粉合成得以改善的新的水稻种质，从而使水稻产量得以显著提高。同转基因抗除草剂水稻、抗虫棉花和抗虫玉米相比，利用转基因技术提高水稻产量的研究进展较慢。对*PEPC*、*IPT*、*GLGC*等基因的转基因水稻的研究初步表明，这些基因对水稻产量的形成确实存在一定程度的促进作用，但所有研究结果并非完全一致。

（二）抗虫水稻

日本植物科学家Fujimoto用电击法成功地将*CRYLA*（*B*）基因导入粳稻，获得转基因水稻植株，并检测到转BT基因水稻的毒蛋白含量约占可溶性总蛋白的0.05%，并首次报道了经修饰的*CRYLA*（*B*）基因能在转基因植株中高效表达，且能稳定地遗传到R2代。饲养实验表明转基因植株对二化螟幼虫的致死率为10%～50%，对稻纵卷叶螟二龄幼虫的致死率最高达55%。国际水稻所GHAREYAZIE报道了用基因枪法将*CRYLA*（*B*）基因导入香粳品系"827"，获得的转基因植株的毒蛋白表达量较高，为可溶性蛋白的0.1%，对二化螟与三化螟有较高抗性，这一研究结果对解决人类食用转基因抗虫水稻稻谷的安全性问题具有开创性意义。加拿大渥太华大学的CHENG报道，以*UBI*基因启动子，利用农杆菌介导法成功地将*CRYLA*（*B*）和*CRYLA*（*C*）基因导入各种水稻中，获得高效表达的转基因植株，有些转基因植株的毒蛋白含量占总可溶性蛋白的3%。喂虫试验表明转基因水稻植株对二化螟、三化螟幼虫致死率为97%～100%。并证明抗虫基因在水稻中能稳定遗传和表达（黄德林，2007）。

在抗虫转基因水稻方面，中科院遗传与发育生物学研究所研制的转*SCK*基因抗虫水稻在福建省已连续进行了5年大田试验。经鉴定，其对二化螟田间防治效果为90%～100%，稻纵卷叶螟抗性为81%～100%，对大螟抗性为62.6%～63.9%，对稻苞虫抗性达83.9%。鉴于目前政策原因暂时还不能大面积推广种植，但已采取多地区多点进行大田实验。该转基因水稻的安全性检测已基本完成，结果表明与常规稻无明显差异。目前正在进一步发展无选择标记、高效表达、多抗虫基因等转基因水稻新品种。

（三）抗病水稻

利用基因工程手段导入抗菌肽基因和来自野生稻的Xa21基因，为水稻抗细菌性病害如白叶枯病等的育种研究开辟了一条新的途径；利用几丁质酶基因、β-1，3-葡聚糖酶基因，病毒外壳蛋白基因等，在提高水稻抗真菌性病害、病毒性病害方面也显示出了诱人的应用前景。随着植物基因工程的发展，人们有望在不久的将来使水稻抗病基因工程育种达到实用水平。

（四）品质性状改良水稻

水稻胚乳中直链淀粉的合成是由蜡质基因编码的淀粉粒结合淀粉合成酶控制的，该基因可同时控制水稻花粉和胚囊中直链淀粉的合成，是一个组织发育和特异性表达的基因。对蜡质基因的遗传操作来控制水稻种子中直链淀粉的合成，从而改变其相对含量，可达到改良稻米淀粉品质和食用品质的目的。

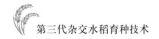

在高等植物中赖氨酸是通过天冬氨酸途径合成的，并伴随异亮氨酸、甲硫氨酸和苏氨酸的合成。控制这条途径的关键酶是天冬氨酸激酶和二氢吡啶羧酸合酶。天冬氨酸和二氢吡啶是赖氨酸合成的反馈调节因子。在细菌中赖氨酸的合成途径与植物的非常相似，但是二氢吡啶羧酸合酶对赖氨酸的反馈抑制调节不敏感。利用此优点，导入连接有质体导肽的细菌二氢吡啶羧酸合酶基因，可使转基因植物中的赖氨酸含量明显提高。

（五）抗除草剂水稻

抗除草剂转基因作物近十余年的研究迅速，现就其主要研究方面作出概述：BAR基因及PAT基因转入作物，可获得抗草丁膦烟草、番茄、小麦、水稻等；多种植物的EPSP合成酶基因可产生抗草甘膦的突变，现孟山都公司商品化的抗草甘膦水稻基因来源于CP4EPS合成酶基因，一些氧化、代谢酶可将草甘膦快速分解成无毒化合物而将这些酶基因转入作物，是获得抗草甘膦的另一途径；植物ALS酶基因突变及酶的过量产生，是产生抗磺酰脲及咪唑啉酮类除草剂的原因；土壤中一微生物的硝酸酶BXN基因，是溴苯腈的抗性基因；植物PSB基因多点突变，均可产生抗阿特拉津作物；一些细胞色素P450及卤素酶等可快速代谢除草剂，从而利用此类酶基因获得抗除草剂作物；愈伤组织培养、悬浮细胞培养、原生质体培养等生物技术也是获得抗除草剂作物的重要手段。

第二节　我国水稻转基因研究现状

自1998年第一批转基因水稻植株问世以来，包括中国在内的多个国家在水稻转基因研究领域取得了一系列成果，许多转基因水稻品系已经进入田间试验。1996年，中国水稻研究所以黄大年研究员为代表的团队，在世界上首次研究出了抗除草剂基因杂交稻，为解决长期困扰研究人员的杂交稻制种纯度问题提供了新方法。四川农业大学水稻研究所李平博士主持研究的国家植物转基因研究和产业化专项以及四川省科技厅"九五"生物技术攻关项目"转基因抗病虫杂交稻研究"取得了重大突破，将抗病、抗虫基因通过基因工程技术导入水稻的不育系和恢复系中，获得了能稳定遗传的具有抗病虫能力的杂交稻，进入田间试验并获得成功。中国水稻研究所将BASTA除草剂的*Bar*基因转入京引119，再用转基因材料与密阳46杂交和回交，最终育成抗除草剂的密阳46。2001年10月12日我国水稻基因组"工作框架图"的完成，意味着我国在水稻基因工程的研究方面已处于世界同类工作的领先水平（黄德林，2007），其在农业生产上的意义可与人类基因计划对人类健康的意义相媲美。更重要的是，这还标志着我国已经成为继美国之后世界上第二个具有独立完成大规模的全基因测序和组装分析能力的国家。独立承担并高质量完成一个有重要经济价值的高等植物的全基因组"工作框架图"，表明我国在基因组学和生物信息学领域不仅掌握了世界一流的技术，而且具备了组织和实施大规模科研项目开发的能力，已处于世界强国地位。我国重点基础研究发展规划项目于1999—2005年立项进行水稻重要性状的功能基因组学研究，这一项目的实施将确保我国拥有一批自主知识产权的水稻基因资源，并有望获得我国第一个由基因序列、表达谱和突变体等组成的水稻基因的生物信息数据库，分离一批与重要农艺性状相关的基因，为在水稻等重要农作物中实现有效地利用基因技术改善品种的生产性能和品质、创造新的种质资源和推动我国育种科学的进一步发展产生直接的推动作用，为21世纪农业生产中新的"绿色革命"奠定理论和技术平台。

水稻转基因研究虽然已经取得很大进展，但转基因水稻的研究大部分还处在实验室阶段，能大规模应用于农业生产的转基因水稻品种还未见报道，还未能定点、定量地将外源基因引入水稻受体基因组并获得稳定遗传高效表达的转基因植株，基因沉默等原因阻碍转基因技术在水稻研究上的推广应用。限制转基因水稻发展的因素就是其生物安全性。随着转基因水稻从实验室逐渐走向开放环境，转

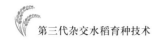

基因水稻可能面临的环境安全问题引起了科学家的关注。环境安全问题主要包括外源基因通过基因漂移从转基因水稻向其近缘种发生转移的可能性及其可能产生的生态风险，抗病虫转基因水稻对非靶标生物及生物多样性的影响，转基因水稻对土壤生物群落的影响，转基因水稻形成杂草的可能性，转基因水稻通过食物链对生态环境的影响，靶标害虫对抗虫转基因水稻耐受性的发展等，这些转基因水稻在环境释放之后可能导致对生态环境及其各组成部分的影响和风险都是科学家们关注的重点。

第三节　水稻转基因的安全评价

一、水稻转基因安全评价的流程

我国农业农村部对转基因植物的种植有严格的要求，将转基因植物的研究分为五个阶段：实验研究阶段、中间试验阶段、环境释放阶段、生产性试验阶段、申请安全证书与商业化生产阶段，各阶段的区别是规模的不同（包括试验材料数目和种植面积）、控制条件的要求不同。

对不同的物种和不同试验阶段，农业农村部的要求不同，主要体现在种植的规模、种植范围、对实验数据的要求上。

我国对转基因生物实行分级分阶段管理。

分级管理，即按照对人类、动植物、微生物和生态环境的危害程度分为四个等级：

安全等级Ⅰ，尚不存在危险；安全等级Ⅱ，具有低度危险；安全等级Ⅲ，具有中度危险；安全等级Ⅳ，具有高度危险。安全等级的确定步骤：确定受体生物的安全等级，确定基因操作对安全性的影响类型，确定转基因生物的安全等级，确定生产、加工活动对转基因生物安全性的影响，确定转基因产品的安全等级。

分阶段管理，一般包括以下几个阶段：实验研究，中间试验，环境释放，生产性试验，申请领取安全证书。

二、转基因水稻环境安全评价

（一）转基因水稻的优势

一是种植转基因水稻可使农民增产、增收，并减少人力、物力的投入，缓解迅速增长的人口与粮食供求的矛盾，有效解决粮食安全问题。二是改善水稻品质、满足人类的多元化需要，提高水稻的营养结构与营养价值。目前，已研发出富含铁、锌及维生素A，并能防止贫血及预防维生素A缺乏的水稻新品种（何礼键，2011）。三是转基因水稻为目前水稻的发展方向，相关转基因水稻的分子机制研究也在深入发展与完善中。四是降低生态环境的污染。种植抗病虫害及抗除草剂的转基因水稻可降低农药使用量，大大减少对人、畜、土地及环境的危害与污染，并比常规水稻增产8%~10%（鲁运江，2009）。五是在种植抗除草剂转基因水稻过程中，通过采用少耕或免耕的耕作方式，能够有效提高土壤固氮量，减少土壤中二氧化碳的释放量，有效保护环境（汪魏，2010）。六是转基因水稻能够节约水资源，增加后备土地利用率，提高作物水分、养分利用率。七是保障本国经济利益。各国大力发展研发转基因技术的同时，都在采取各种经济与政治手段，对其他国家的转基因水稻食品越境转移进行限制，以保护国内市场与本国企业的经济利益，因此许多国家以保护本国民众、动植物健康与生态环境安全为由设立关卡，对转基因水稻食品及相关产品提出苛刻条件与检测要求。

（二）转基因水稻的弊端

农药的使用会带来严重残毒污染，可能污染到大气及水资源，破坏土壤性状，影响作物水分、养分利用率（蒋高明，2010）。农药长期使用会使害虫产生

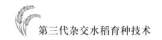

抗药性，在消灭害虫的同时会毁灭田间益虫。农药残留会对人畜产生安全隐患。研究发现，残留除草剂会对下茬除草剂敏感植物造成伤害，抑制其生长与减产，严重时会造成植物死亡与绝产（汪魏，2010）。转基因水稻对害虫与杂草的抵抗是以大量基因共同完成的，水稻借助外源抗虫、抗除草剂基因来实现对除草剂与害虫的抵抗。随着时间推移，害虫与杂草会形成对此种基因的抵抗力（于志晶，2010）。因此，推广抗虫、抗除草剂转基因作物可能会加快害虫进化，演化成"超级害虫"，转基因水稻规模种植会使用更多农药，将对农田及生态环境造成严重破坏（张硕，2010）。

（三）转基因水稻的环境安全性

1. 转基因水稻的杂草化可能性与记忆漂移

植物杂草化是指那些原本自然分布的或被栽培的植物，在新的人工环境中能自然繁殖其种群而转变为杂草的演化过程。基因操作导入新的DNA片段，可能改变转基因植物的生存竞争能力，使其更具环境适应能力，从而增加成为杂草的可能性（强胜，2010）。转基因作物的种植能够引起转基因作物杂草化及抗性基因的流动，同时伴随着可能发生在农田杂草群落演替和增加农药的使用量而增加环境污染等生态环境风险问题。目前，国内外关于转基因水稻杂草化的可能性的研究很少，也没有定论。崔荣荣等为评估抗草铵膦转基因水稻明恢86B大规模推广后演化为杂草的生态风险，在农田生态环境下比较明恢86B、明恢86和杂交稻组合汕优63的生存竞争力、繁育能力、落粒性、种子生存能力，结果表明，无论在适宜季节还是非适宜季节，明恢86B和明恢86的生存竞争能力和繁殖力都低于汕优63，明恢86B的生存竞争力和繁殖力都略低于明恢86，说明抗草铵膦转基因水稻明恢86B在中国南京地区环境条件下演化为杂草的可能性较小。

花粉逃逸是转基因植物外源基因流动的主要途径。近年来对转基因作物的研究证实，转基因水稻可通过花粉传播使外源基因发生向近缘种或者杂草的基因流动，甚至有可能污染常规物种（强胜，2010）。在特定的生态环境中，有些作物的近缘种是危害很大的杂草，如果这些杂草由于接受了抗性基因特别是抗除草剂基因而提高了适合度，它们就可能变为极难防治的害草，给农田杂草防除带来新的难题（Mercer K. L.，2007）。同时同地以长时间种植某类转基因作物，并经常使用同种除草剂，也会诱导抗性杂草的产生。卢宝荣（2008）对转基因水稻的"基因漂移"研究发现，即使具有亲缘关系的物种，"基因漂移"成功的概率也会随着植株的间隔距离增加而迅速下降。Jia S. R.等（2007）采用转*Bar*基因抗除草剂粳稻为花粉源，以2个籼型杂交稻组合及4个雄性不育系亲本为受体进行研究，发现近距离（0cm）基因漂移到不育系的频率为3.145%～36.116%，显著高于漂移到杂交稻组合的频率（0.037%～0.045%）。Rong J.等（2007）研究发现，在近距离（<1cm）的情况下，抗虫转基因水稻科丰6号恢复系MSR+、II优科丰6号杂交稻HY1+以及两优科丰6号杂交稻HY2+中的外源基因逃逸到其非转基因水稻亲本的频率在0.9%以下。Yuan Q. H.等（2007）以不育系为材料进行研究，发现花粉的漂移频率与开花期的风向有很大关系，下风口的漂移频率为6.47%～26.24%，显著高于上风口的0.39%～3.03%。Wang F.等（2006）以转bar基因水稻为材料，研究发现，转基因水稻向野生稻的基因漂移率为11%～18%（0～1cm），随距离增加而降低，并且此种转基因水稻不能向稻田的稗草发生基因漂移。戎俊等对3种双价抗虫转基因（*bt/CpT*1）水稻科丰6号杂交稻HY2+与非转基因水稻进行研究发现，抗虫水稻向其亲本品种转移频率为0.275%～0.832%。

　　杂草稻是转基因水稻发生基因漂移的野生近缘种的主要产物。杂草稻是一种在水稻田不断自生并自然延续危害生产的具有杂草特性的特殊的水稻材料。杂草稻分布比较广泛，在大部分种植水稻的地区如北美洲、南美洲、南欧、非洲和亚洲都有发生和报道（James C. D.，2007）。目前，杂草稻已成为限制拉丁美洲和东南亚国家水稻产量的最主要杂草。随着直播稻和稻麦免耕、少耕技术的推广，杂草稻在中国的危害越来越重，已严重影响水稻产量和稻米质量。基因漂移导致

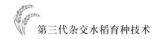

抗虫外源基因转入其他同源及近缘物种，如杂草稻，增强其自身的竞争优势，会产生入侵和破坏力较强的杂草，可能降低生物多样性，甚至使野生稻基因库遭到污染。有关杂草稻和栽培稻之间的基因交流，早在1961年就报道栽培水稻能与野生同属杂草红稻发生自然杂交（Oka H. I.，1961）；1990年报道在直播稻田中栽培稻和杂草稻能发生自然杂交并产生可育后代，依水稻品种的不同杂交率为1.08% ~ 52.18%。Zhang N. Y.等（2003）的研究表明，在田间小区试验条件下，非转基因紫色叶片标记系和抗草丁膦转基因水稻CPB6与红稻的异交率分别小于1%和0.3%。在美国路易斯安那州西南地区杂草稻控制较弱，抗咪唑啉酮水稻CL和杂草稻间的异交率高达3.2%。Shivrain V. K.等（2007）研究发现，从抗咪唑啉酮转基因水稻CL121到杂草稻的基因漂移率为0.036%，CL161与13种杂草稻间的异交率介于0.03%和0.25%之间。Zuo等于2007—2009年研究抗草丁膦转基因水稻Y0003与国内15种典型杂草稻在完全花期相遇的条件下，转基因水稻向杂草稻间的基因漂移，最大漂移率为0.667%；研究导致转基因水稻向不同杂草稻基因漂移率差异的内在原因，结果发现，花期同步性是发生异交的主要原因，其次是遗传亲和性及一系列生物学特征。

2. 转基因水稻对生物多样性的影响

生物多样性是指生物在长期适应环境过程中逐渐形成的某种生物策略，对提高生物的稳定性及生态效率有积极作用。单一大规模商业化栽培转基因水稻会使其多样性减少（胡金忠，2010）。转基因水稻在其生态环境稳定后，随时间推移，可能会在生态系统中积累与产生级联效应。转基因水稻属非自然进化物种，竞争优势较强，侵入非农作物栖息地后可能会取代原栖息物种，致使部分物种组成结构改变或生物多样性降低，继而造成生态环境的破坏，特别对濒危物种的危险更为严重。卢宝荣（2008）指出，现有的转*EPSPS*或*Bar*基因抗除草剂水稻自身对稻田生态系统生物多样性应无明显不利影响，但抗除草剂水稻的大规模种植和不同除草剂的长期施用可能会影响到稻田生态系统甚至稻田以外的生物多样性。因此，转基因抗除草剂水稻本身不会对水稻生态系统多样性带来不利影响。

目前尚无有力科学依据证明转基因作物对生物多样性的潜在影响是否与非转基因作物存在本质不同。

3.转基因水稻对根基土壤微生物的影响

土壤生态研究是转基因作物生物安全评价研究的组成部分。引入的外源基因可改变根基分泌物、根际和植株残体的组成及降解过程，影响土壤物质能量、酶活性、土壤生物组成的改变及矿物质营养的转化循环。转基因作物中的杀虫蛋白释放于土壤并与土壤结合，不易被土壤微生物分解和保持活性。这些保持活性的蛋白会影响到土壤微生物种群及种群数量。有研究发现转基因水稻与非转基因水稻根际培养的微生物组成上存在差异。Wu L. C.等（2004）对转*Bt*水稻根系分泌物中Bt蛋白残留情况进行研究表明，转*Bt*基因水稻对土壤微生物生态系统的不利影响较小。黄晶心等通过分离计数以及运用分子生物学方法，利用转*Bt*水稻研究其对土壤的功能群氨氧化细菌的影响，结果表明种植转*Bt*基因水稻的时间越长和种植密度越大，对土壤氨氧化细菌的影响也越大，并且对土壤深层的氨氧化影响与浅层具有相似性。刘薇等（2011）研究得出，转*Bt*基因水稻——克螟稻与亲本水稻根际均以饱和脂肪酸和支链脂肪酸为主，单不饱和脂肪酸次之，多不饱和脂肪酸最少，且外源*Bt*基因插入仅对水稻根际微生物多样性造成短暂影响，不具有持续性。但转基因作物影响到土壤的结构和组成，改变土壤的有机质含量和pH等状况。Wang H. X.等（2004）采用秸秆还土法对转*Bt*基因水稻及其亲本对土壤微生物的影响研究发现，与亲本对照相比，添加转*Bt*基因水稻秸秆，土壤中好氧性细菌、放线菌和真菌数量明显增加，但无显著影响；土壤氨化细菌、自生固氮菌和纤维素降解菌的数量在培养中期存在差异，但不持续。转*cry1Ab*水稻的种植对植物根际土壤中各种酶的活力和主要微生物群落组成也没有造成负面影响。宋亚娜等（2011）连续3年种植转*cry1Ac/cpti*双价抗虫基因水稻科丰8号和II优科丰8号发现，在短期内种植不会影响土壤酶IDE活性及养分状况。另外，部分除草剂在土壤中的残留，也会造成土壤板结、酸碱度失衡等问题。经过长期研究发现，残留在土壤中的除草剂通过水循环能对较大范围内的生态环境发生影响。除对土壤

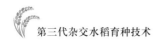

结构产生影响之外，除草剂对土壤微生物的影响也非常值得重视。在水稻田中喷洒除草剂，至少有70%进入土壤，直接影响土壤微生物的生长和代谢。通过对土壤中细菌、真菌及放线菌的种类及个体数量的统计发现，常用除草剂均能对土壤微生物造成影响。其中，经苄嘧磺隆除草剂处理过的土壤中细菌的生产明显受到抑制，在处理28d之后依然没有恢复到对照水平；被草甘膦处理过的土壤，细菌的种类及个体数量明显被抑制，在28d之后也没有恢复到对照水平（Pampulha M. E.，2007）。

第四节　转基因水稻食用安全评价

水稻是最主要的粮食作物之一。自1988年首次获得可育的转基因水稻以来，转基因技术在水稻品种改良上得到了广泛应用和迅速发展（蒋家唤，2003），目前已经成功培育出抗性转基因水稻（如抗虫、抗病、抗逆、抗除草剂水稻等）、功能性转基因水稻（如黄金水稻、高赖氨酸水稻、高乳铁蛋白水稻、高直链淀粉水稻、低植酸水稻等）、有药用价值的转基因水稻（如抗过敏性水稻、表达人重组胰岛素生长因子的水稻等）。

一、转基因抗虫水稻

转基因抗虫水稻主要包括转*Bt*基因抗虫水稻、昆虫蛋白酶抑制剂抗虫水稻和表达植物凝集素的抗虫水稻。

（一）转Bt基因抗虫水稻

Wang Z. H.等（2002）和Schroder M.（2007）对cry1Ab基因"克螟稻1号"水稻进行了90d的大鼠喂养试验。Wang等将Bt抗虫水稻以16、32、64g/kg（体重）3个剂量喂养大鼠，而Schroder等每日给予大鼠每千克体重0.54mg Bt毒素。在二者试验期间，大鼠的日常行为、进食量、体重均无不良反应。因此，Wang等认为，总体上来说该转基因大米以≤64g/kg（体重）剂量对大鼠是安全的，但转基因大米组雌鼠个别血常规、血生化指标出现了异常，并与Bt蛋白呈现剂量相关，而且雌雄鼠之间出现了差异，需要进一步研究。在Schroder等的试验中，个别血生化、血常规指标也同样出现了显著差异，但所有指标均在该年龄段该品系大鼠的正常范围之内，研究者认为差异与处理无关。Schroder等还发现，与对照组相比，转基因大米组十二指肠中双歧杆菌数量明显下降，而回肠中大肠杆菌数量明显上升；转基因大米组雄鼠的肾上腺重下降，睾丸重增加，雌鼠子宫相对增加，但对相关器官进行宏观和微观组织病理学检查，并没有发现有意义的病变。造成转基因大米肠道有益菌数量下降、有害菌数量上升的原因有待进一步研究证实。虽然试验结果显示转基因大米总体上来说对大鼠没有产生毒副作用，但研究者认为对转基因作物进行非预期效应评价时还需要添加试验组。

与Schroder的研究一样，Kroghsbo S.等（2008）用含有对照大米、表达Cry1Ab蛋白或PHA-E凝集素的转基因大米或添加了纯化重组蛋白的转基因大米的饲料，分别喂养Wistar大鼠28d和90d，发现Cry1Ab蛋白没有毒副作用，PHA-E凝集素只有在对大鼠以每天每千克体重约70mg的量喂养90d后才会表现出免疫调节作用。

张珍誉等（2010）用转基因Bt基因水稻及其对照喂养昆明小鼠90d，试验期间小鼠活动正常，与非转基因对照组相比，血常规、血生化、脏器重量相当，脑、心、睾丸、卵巢等器官未见异常，但病理检查发现小肠腺瘤增生，对病变小鼠小肠线粒体DNA一级结构进行测定发现两个有意义的突变。研究者认为，在该试验条件下，现有试验结果证实转基因水稻对小鼠小肠有亚慢性毒性作用。可以说这是目前明确表明试验条件下转基因水稻饲喂对试验动物有损害作用的唯一报道，但有待进一步的重复试验来确认这一现象，并揭示其机理。

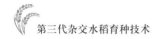

（二）转昆虫胰蛋白酶抑制剂基因抗虫水稻

美国康奈尔大学1993年将豇豆胰蛋白酶抑制剂基因CpT1导入水稻获得转基因植株。由于CpT1在转基因植物中表达水平较低，影响其抗虫性，为此在体外对CpT1基因进行改造，获得了修饰的CpT1基因（SCK基因），使用转基因枪转化法对水稻进行转化，获得了转化SCK基因水稻。水稻种植试验证实，转SCK基因水稻比CpT1基因水稻有更好的抗虫效果（朱桢，2001）。

转CpT1基因水稻和亲本大米喂养大鼠28d后，各营养指标无差异，转基因大米中的CpT1并未明显干扰饲料中其他营养素的吸收。免疫毒理学评价试验中，喂养BALB/C小鼠30d，发现转基因大米和亲本大米组小鼠的淋巴细胞分类、血清抗体滴度、空斑试验、迟发型皮肤过敏反应等各项免疫指标均无差异。

贾旭东等（2011）用BN大鼠致敏动物模型对S86转基因大米的致敏性进行研究。饲养大鼠6周后，转基因大米全食品喂饲没有激发IgG及IgE反应，组胺水平与阴性对照组及亲本对照组相比差异不显著，也没有引起大鼠血压升高，表明S86转基因大米食品喂饲未对大鼠产生致敏性。

在转SCK基因大米对小型消化功能和生长发育的影响研究中，转基因大米与组合亲本大米组相比，动物的体格发育和脏器发育，肠道菌群、胰腺和粪便中胰蛋白酶、糜蛋白酶和淀粉酶活性，胃肠道组织和胰腺组织，均未见明显差异，也未见到明显非期望效应。研究者认为，转SCK基因稻米未对哺乳动物体内的消化过程及动物的生长发育产生明显不良影响。

（三）转cry1Ac/sck双价抗虫水稻

刘雨芳等（2007）分别以转cry1Ac/sck双价基因抗虫杂交水稻II-32A/MSB、KF6-304、MSA4和21S/MSB为材料，对SD大鼠进行30d的喂养试验、小鼠急性毒性与致突变研究。在30d的喂养试验中，以上4种转基因大米各剂量组试验动物的表现体征均正常，但每种转基因水稻饲喂时，个别血生化、血常规指标出现了显著差异，但差异指标多表现在低剂量组或中剂量组，且不排除个体间存在应急反应差异。因此，研究者认为，转*cry1Ac/sck*双价基因的这4个抗虫杂交稻事件对大鼠表观体征生理生化无明显不良影响。急性毒性与致突变研究包括小鼠急性毒性试验、精子畸形试验与骨髓细胞微核试验。4种转基因大米各剂量组灌胃小鼠，小鼠均无不良反应，主要脏器无异常，血常规分析个别指标与对照组有显著差异。小鼠精子畸形试验与骨髓细胞微核试验结果均显示转基因抗虫稻没有明显诱发小鼠畸变与骨髓细胞产生微核。这4个抗虫杂交稻事件未引起小鼠明显急性毒性反应，对小鼠无明显的致畸与突变作用。

（四）表达植物凝集素转基因水稻

Poulsen M.等（2007）首次对表达雪花莲凝集素基因的水稻进行安全性评价，发现转基因水稻育亲本水稻的蛋白质、纤维等含量有差异，但含量均在文献报道的范围内。用含60%该转基因水稻或亲本的饲料分别喂养Wistar大鼠90d，检测大鼠的血常规、血生化、免疫学、微生物学及病理学指标，结果显示两组之间许多指标差异显著，如饮水量、血液中钾含量和蛋白含量等。研究者认为，转基因大米组出现的大多数差异均与饮水量的增加有关，但饮水量增加的原因并不清楚。与一项早期研究一样，他们建议在研究中添加1个或多个含有外源基因表达产物的饮食处理组，用以明确差异是雪花莲凝集素本身引起的还是由转基因的插入导致次级代谢产物引起的。

二、转基因抗病水稻

（一）转基因Xa21水稻

水稻白叶枯病是一种严重的细菌性病害，是使水稻减产、绝收的主要原因之一。抗性基因的研究一直是水稻白叶枯病防治研究的重要内容。*Xa*21基因来源于野生长稻穗水稻，是最早克隆的水稻白叶枯病抗性基因，有广谱抗性。将*Xa*21基

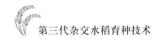

因导入水稻，显著提高了水稻对白叶枯病和稻瘟病的抗性。

在转Xa21基因水稻的营养学评价试验中，李英华等（2004）用不同饲料喂养Wistar大鼠28d，结果表明，转基因大米组雌、雄鼠的肝/体比均高于非转基因大米组，且雌性组的血钙、干骺端骨密度也高于非转基因大米组，而其他所有指标均无统计学差异。李英华等在对该转基因大米的致畸性研究中增加了敌枯双阳性对照组。Wistar大鼠饲喂相应饲料90d后雌雄鼠合笼，转基因大米组孕鼠增重，活胎体重、身长、尾长均显著高于阳性对照观察组，而死胎数、吸收胎数、畸形率均显著低于阳性对照组，与非转基因大米组、正常饲料对照组相比，所有观察指标均无统计学差异。

用转Xa21基因大米和亲本大米喂养Wistar大鼠90d期间，试验中期转基因组血糖降低，胆固醇和高密度脂蛋白升高；试验结束时上述差异消失，但转基因雌性组谷草转氨酶活性显著升高，脑、心、脾等器官病理检查无异常。现有试验结果不能证实转基因大米对大鼠有亚慢性毒性作用，有待进一步研究。免疫毒理学试验中，将Balb/c小鼠分为转基因大米组、非转基因大米组、正常对照组和环磷酰胺免疫力抑制阳性对照组，各组小鼠饲喂30d后，转基因组与非转基因组相比，体重、脏器比、血常规、淋巴细胞的分类及功能，抗体生产细胞的检测和IgG含量等所有观察指标均无显著性差异（李英华，2004）。

（二）转溶菌酶基因水稻

稻瘟病是水稻三大病害之一。溶菌酶是广泛分布的酶家族，并具有几丁质酶活力，能够分解细菌或真菌细胞壁组分中多糖的糖苷键，从而抵御病原菌的侵染。

姚春馨等（2006）通过小鼠毒性试验、大鼠长期毒性试验、小鼠微核试验和精子致畸试验对转溶菌酶基因水稻的毒性及致畸作用进行评价，所有试验动物均无异常体征出现。小鼠灌胃转基因大米粉的最大耐受量MTD≥37.5g/kg（体重），属无毒类。90d喂养试验中，试验动物每天摄入转基因大米粉15、7.5g/kg

（体重），相当于成人日食用量900g和450g。大鼠体重、血常规、血生化等指标，脏器系数及脏器病理学检查等与空白对照无显著差异。将转基因大米粉以同样的两个剂量分别灌胃小鼠，未发现对小鼠骨髓细胞微核和精子畸形发生率有不良影响。这表明转溶菌酶基因大米无明显的毒性和致畸作用。

（三）转基因抗除草剂水稻

Xu W. T.等（2011）用抗除草剂Bar基因大米喂养SD大鼠90d，雌、雄大鼠各6组，分别喂养含30%、50%、70%转基因大米或30%、50%、70%非转基因大米的饲料，用实时定量PCR法分析大鼠盲肠微生物的组成。结果表明，饲喂含70%非转基因大米组的雄性盲肠乳酸菌的基因拷贝数高于含70%转基因大米组，并且非转基因组的乳酸菌丰度较高，这一结果正好与大肠杆菌的相反；除了雄性50%大米组，转基因组的大肠杆菌数更高；相同含量大米组中，非转基因组产气荚膜梭杆菌群数量高于转基因组。这些结果显示，转Bar基因水稻对盲肠微生物菌群有复杂的影响。研究者认为这些影响与食用者的健康息息相关，该转基因大米或许对肠道产生有害作用。

外源基因的残留及转移是转基因安全性的关键。黄毅等用转Bar基因水稻或亲本水稻饲喂小鼠90d，在小鼠的腿肌、肝脏、肾脏、脾脏、小肠中没有检测到Bar基因片段或其表达的PAT蛋白。外源蛋白PAT在小鼠胃肠道内无耐受性，能够被机体完全消化；小鼠小肠mtDNA的测序结果无异常，无突变位点。这表明转基因成分没有在小鼠体内残留或发生转移，也没有导致小鼠肠道基因突变。

三、转基因高营养水稻

（一）富含抗性淀粉转基因水稻

抗性淀粉是一种新型的膳食纤维，在肠道代谢、改善血糖和血脂水平等方面有一定的健康作用，能降低一些慢性病的发病风险。目前国内外很多研究人员致

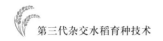

力于开发抗性淀粉的食品，但任何抗性淀粉来源的功能食品尤其是转基因食品必须进行全面的临床和营养学评估才能保证其安全性。

目前，对转双反义*SBE*基因大米的亚慢性毒性的研究结果不尽相同。Zhou X. H.等（2011）用转基因大米和非转基因大米喂养SD大鼠90d，大鼠的临床表现、病理反应、脏器重、微生物菌群等无显著差异。李敏等（2010）用高剂量亲本大米，高、中、低剂量的转基因大米及正常对照饲料喂饲Wistar大鼠90d。结果表明，试验中期及末期，高、中剂量组雌雄鼠个别指标均出现显著差异，脏器系数也出现差异，但差异指标没有与两个对照组同时存在，相关病理学检查也没有发现有意义的改变。研究者认为，现有的试验结果可能不能证明转基因大米对大鼠有亚慢性毒性作用。

李敏等（2008）还研究了该转基因大米对大鼠肠道健康的影响。用掺入非转基因大米、转基因大米最大和半量掺入的饲料及正常饲料喂养SD大鼠6周。结果，转基因大米最大掺入量组的体重显著下降。转基因大米高中剂量组粪便量、粪便水分、盲肠壁以及内容物含量显著增加，并存在显著的量效关系；盲肠、结肠中短链脂肪酸含量增加，粪便和盲肠的pH非常显著低于两个对照组。这表明抗性淀粉转基因大米能改善大鼠肠道健康。

（二）转大豆球蛋白基因水稻

Momma K.等（1999）发现转大豆球蛋白大米和非转基因亲本大米的营养组成中，只有蛋白质、氨基酸、维生素B$_6$和水分有差异。随着大豆球蛋白基因的插入表达，转基因大米的蛋白质含量比亲本大米提高了20%多，包括赖氨酸在内的几乎所有的氨基酸含量均显著提高。针对插入基因在改变大米营养组成的同时会不会引起其他非预期效应，研究人员以每天10g/kg（体重）的剂量喂食大鼠转基因大米，持续4周，各项指标均无显著差异。在随后的研究中发现，在长期亚慢性毒性试验中，该转基因大米没有引起试验动物生物化学、营养学、形态学上的不良反应（Momma K.，2000）。

（三）转人乳铁蛋白基因水稻

胡贻椿等（2012）发现，转人乳铁蛋白基因大米和亲本大米主要营养素在体内的消化代谢及蛋白质的营养价值包括蛋白质/氨基酸、碳水化合物、脂肪、纤维素的消化率上均无显著差异。外源基因的插入使hLF大米的氨基酸含量配比得到优化，氨基酸评分的结果显示hLF大米中蛋白质的质量略有提高。

四、药用转基因水稻

（一）转雪松花粉过敏原基因水稻

转雪松花粉过敏原基因水稻含有来源于日本雪松花粉致敏原的7个主要抗原决定簇，可被用来控制人类对花粉的过敏症状。Domon E.等（2009）给猕猴口服该转基因水稻26周。这是首个使用非人类灵长动物来评价转基因产品安全性的研究。在研究过程中，猕猴行为表现、体重均无异常。处理26周的猕猴的血液分析结果显示，只有转基因大米低剂量组个别血生化指标有差异，其他各组动物的血常规和血生化指标之间差异均不显著，对动物进行病理学和组织病理学检查均没有异常发现，表明猕猴食用该转基因水稻没有产生不良反应。

（二）表达重组人胰岛素生长因子的转基因水稻

Tang M.等（2012）对表达重组人胰岛素生产因子的水稻进行安全性研究。用含有20%转基因大米或20%亲本大米的饲料喂养C57BL/6J大鼠90d，相当于每天摄入rhIGF-1蛋白217.6mg/kg（体重）。发现两组之间只有少数指标差异显著，但均不属于不良影响。在90d的喂养试验中，该转基因水稻材料没有对大鼠产生不良影响或毒副作用。

五、耐盐性转基因水稻

糖醇类物质广泛分布于细菌、酵母、藻类和高等植物中，作为相容性溶质

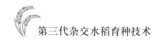

在渗透调节保护中起重要作用。甘露醇和山梨醇属糖醇类物质，其生物合成的关键酶基因——1-磷酸甘露醇脱氢酶基因（*mtlD*）和6-磷酸山梨醇脱氢酶基因（*gutD*）均已被分离克隆。利用农杆菌介导法将来源于大肠杆菌的*mtlD/gutD*双价基因导入水稻基因组并且在水稻中得到表达，试验证明其耐盐性比普通水稻有了显著提高（王慧中，2000）。

在转*mtlD/gutD*双价基因稻米的小鼠和大鼠的急性亚急性毒性试验、致突变试验和30d喂养试验中，小鼠与大鼠的试验结果一致：经口$LD_{50}>30g/kg$（体重），无致突变作用。各剂量组小鼠、大鼠的发育、增重、食物利用率、血常规、脏体比及病理组织学观察等各项指标与基础对照组比均无显著差异，无作用剂量为54g/千克（体重）。陈河等（2007）用转*mtlD/gutD*双价基因稻米喂养大鼠90d，大鼠行为体征、睾丸和卵巢的组织切片检查未见有意义的病理改变。各试验组与对照组相比，雌性大鼠的性成熟、雄性大鼠的精子畸变率及雌雄大鼠的性激素水平均无显著差异。结果初步表明，用转*mtlD/gutD*双价基因水稻秀水11品系T18-7-8-1稻米喂养大鼠90d，对大鼠性腺器官的结构和功能无显著影响，但长期食用该转基因水稻是否会在体内蓄积产生毒性还有待于进一步研究和观察。

第五节　我国转基因水稻产业化前景分析

一、我国转基因水稻产业化的优先序

根据技术成熟度、安全性评价程度、生产和市场需求、公众认可度、对国内外贸易可能的影响、经济效益和产业化前景等方面，通过对转基因水稻所处的生物安全评价阶段、目的基因是否有长期安全使用的历史、遗传标记是否敲除、农业生产是否急需以及是否被消费者接受等因素，对目前进入我国转基因水稻进行综合分析和排序。

我国自2000年以来已有8项自主研制的转基因水稻申请产业化。其中，转基因水稻"华恢1号"是我国转基因水稻产业化优先序中的首选品种，相关安全性评价研究工作已基本完成，并已获得生物安全证书。现以该品系为例，从正反两个方面深入分析我国转基因水稻产业化的条件、利弊、时机和对策。

由于农业产业结构调整、害虫抗药性增强等，我国水稻螟虫、稻纵卷叶螟等鳞翅目害虫为害有加重趋势。大量使用化学杀虫剂严重影响了生态环境和生物多样性，增加了生产成本和劳动力支出，对农民的身体健康也产生负面影响。转抗虫基因水稻"华恢1号"有较强的对鳞翅目害虫的抗性，能使水稻农药使用量减少60%左右（黄季焜，2007），直接减少了农民对水稻的生产投入，增强了农民种粮积极性，同时能有效地保护自然生态环境，提高稻米品质。目前，该品种已经完成中间试验、环境释放试验和生产性试验，并获得安全证书，有可能率先实现产业化，其应用对解决我国的粮食安全问题具有重大意义（朱桢，2010）。

我国转基因生物安全相关法律法规体系建设已逐步完善，管理已纳入法律轨道并与国际接轨。我国生物安全评价体系也已初步建立。现正在筹建一批转基因生物安全检测机构，检测范围涉及产品成分检测、食用安全检测和环境安全检测。我国转基因水稻的环境安全性评价研究处于国际前列，技术支撑体系建设初具规模，基本建立了覆盖全国的安全监管体系，安全监管能力和生物安全应急处理水平有了显著提高。转基因水稻产业化，在技术监控和行政监管上是有充分保障的。

二、转抗虫基因水稻产业化利弊分析

转抗虫基因水稻一旦产业化，短期内可能对我国稻米国际贸易和国内市场产生巨大的冲击，造成普通消费者巨大的心理压力，生物安全管理将面临巨大的挑战和考验。

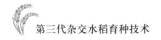

（一）对国内市场的影响

中国是世界最大稻米生产国，国内有1亿农民从事水稻种植，有10多万工人从事大米加工。转抗虫基因水稻一旦产业化，第一受益者是农民，因为可以减少农药用量、节省成本、提高产量，第二受益者是种业行业者，因为种子价格高、销售利润大。但转基因大米及其加工食品进入消费市场后，面临与非转基因大米的竞争问题。需要媒体进行科学性报道和宣传，完善市场公平竞争机制。

（二）对国际贸易的影响

国际大米市场狭小，每年大米贸易量只占其生产量的6%左右（王明利，2006）。我国大米出口量仅占世界总出口量的7%左右。转基因水稻商业化之后如果遭受专门针对转基因产品的贸易壁垒，我国整个稻米和稻种出口可能严重受挫。但我国稻米以国内消费为主，未来中国稻米出口量仅占国内大米生产总量的1%左右。其影响相对于稳居世界第三位的我国进出口贸易（2009年总额已上升为22 073亿美元，跃居世界第一）而言并不大。

（三）对我国转基因生物安全管理政策的影响

目前我国转基因水稻安全证书已经获批，并可能在通过国家品种审定和省级品种审定后，出现大量转基因水稻品种进入市场的现象。其大面积商业化应用后，转基因成分将会迅速扩散到其他常规非转基因水稻中，常规水稻中的转基因水稻无意混杂将会非常严重。同时由于无法避免转基因水稻在生产中的无意混杂，水稻生产者、经营和销售者可能为降低检测成本而对所有水稻进行转基因标识。因此，转基因水稻的产业化需要对我国转基因生物安全管理政策进行适当调整。首先，加强与品种审定法规的衔接，将转基因水稻的品种审定权收归国家；其次，对《农业转基因生物标识管理办法》进行调整，一是采用定量标识，对转基因水稻的无意混杂规定明确的容忍和豁免阈值，二是增加对非转基因标识的规定。

（四）社会和经济效益分析

发展转基因水稻将会创造巨大的经济社会和环境效益。中国科学院农业政策研究中心的调研和分析表明，转基因抗虫水稻在农户大田生产中，每公顷可减少农药施用量17kg（或80%），增加产量6%~9%，农民增收600多元。从生态效益及环境保护角度来看，种植转基因水稻可有效减少农药施用量，有助于农民身体健康及减少环境污染（陈超，2008）。种植抗虫转基因水稻还可节省劳力，缓解城市化引起的耕地不足、年青劳动力不足的矛盾。转基因水稻的商业化将为中国的生产者和消费者每年带来30亿美元左右的福利，为我国的宏观经济带来巨大的效益（杨列勋，2006）。

"十五"期间，我国投入大量资金资助转基因水稻研究，在水稻功能基因组、超级杂交稻和转基因水稻等方面取得一系列标志性成果。特别是转基因抗虫水稻有望成为继转基因抗虫棉之后，又一个对中国更具有战略意义的大面积应用的转基因作物，将推动一个新的农业生物技术种业的形成和发展，蕴藏着巨大的经济利益和生态效益。

三、展望

对生产的"华恢1号"稻谷进行动物食用毒理学试验，包括急性毒性、遗传毒性、亚慢毒性和慢毒性试验，同时开展了一系列针对转基因水稻生存能力竞争、基因漂移、对靶标生物和非靶标生物的影响等环节安全评价试验，结果表明该品种在食用和生态上是安全的。

随着转基因水稻的产业化种植，应对其抗性、大田生态风险及人类生存环境等方面进行系统、全面及科学的评价。开展转基因水稻基因漂移研究，关系到中国未来种植转基因水稻后水稻品种的培育和繁殖以及稻米的商业化生产和流通，需小环境与大环境结合，缩小差距。由于年际气候差异较大，在真正探明除品种

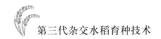

因素外的气候条件影响，还需对不同品种及不同方位布局做进一步研究。抗除草剂转基因植物可能带来的生态环境风险越来越受到人们的关注，科学家们正在研究新一代的抗除草剂转基因技术（孙国庆，2010）。

另外，较多研究表明转基因水稻对土壤环境中种群数量、pH及酶的活性并没有显著影响，因此应提高修饰改良转（抗）基因水稻表达量，研究将所转入的基因进行人工改造与重新配对合成，在不改变氨基酸序列的情况下根据水稻密码子的偏爱性进行优化等来提高外源基因的表达量。提高外源基因表达，即利用定位序列将外源抗虫基因定位于内质网及叶绿体等定位的细胞器中表达。我国在表达调控与遗传转化等技术层面都开展了诸多有益的探索，尤其是抗生素选择标记基因的剔除、目的基因组织特异性和诱导性表达调控等技术已趋于成熟，为抗虫转基因水稻走向商业化积累了一定的技术。

利用转基因生物技术培育转基因水稻是必然趋势，也是中国未来农业发展方向。培育复合型抗除草剂、抗虫、抗病、抗旱且优质高产的综合优良品种是更高的发展目标，并将转基因技术的研究和应用与传统的常规育种、植物栽培等技术有机地结合起来，这对于研究外源基因在受体植物中的表达和调控规律，获得性状优良、稳定的转基因品种是至关重要的。建立健全种植转基因水稻检测技术是实现转基因水稻安全评价的需要，也是今后面临的困难与挑战。发展中国家生物安全存在的隐患较大，需高度重视经济社会发展与生物安全存在的现实危害与潜在风险，积极完善国家现有生物安全与防御体系。国内已经建立完善的转基因食品评价和管理体系。转基因水稻产品要进行商品化，需进行严格申报与审批，并加快科研开发与知识产权保护，得到相关事实证明后才能转入商业化进程。

支持与反对转基因水稻商业化的国家都在转基因水稻的商业化问题上持谨慎观望的态度，同时受到传统伦理与人类道德观念的冲击，转基因水稻商业化之路有很长的一段路要走。因此，在详细剖析转基因水稻的生物安全性过程中，应加强与研究者、生产者、消费者及相关组织部门的风险交流。让消费者公开自行选择消费转基因与非转基因水稻，尊重消费者的知情权并维护其权益，增强市场透明度，促进市场和谐与健康的发展。广泛科普宣传，科学客观地介绍转基因水稻的环境安全性，消除消费者对转基因水稻种植的顾虑与误解，增强消费者的转基因生物安全意识的培养，创造转基因技术的良好氛围。加强风险管理，做好实验室中转基因研究的生物材料、生产性试验及废弃物等意外释放风险的管理工作，强化并严格设置隔离措施与生物安全的培训工作，确保种植转基因水稻产业安全合理健康发展。

参考文献

陈超，2008.关于转基因水稻产业化的若干思考.南京农业大学学报（社会科学版），8（4）：27-33.

陈河，王慧中，赵文华，等，2007.转*mtlD/gutD*基因稻米对大鼠性腺毒理性的实验研究［J］.中国水稻科学，21（4）：341-344.

何礼键，周玉婷，左婷，等，2011.转基因生物技术在农业领域的发展现状分析［J］.安徽农业科学，39（1）：66-68.

胡金忠，艾宏伟.浅谈我国转基因水稻栽培的现状与发展趋势［J］.黑龙江科技信息，2010（27）：247.

胡贻椿，李敏，朴建华，等，2012.转人乳铁蛋白基因大米主要营养素的体内消化率及蛋白质营养价值评价［J］.营养学报，34（1）：32-40.

黄德林，2007.转基因水稻专利战略研究.北京：中国农业出版社.

黄季焜，胡瑞法，2007.转基因水稻生产对稻农的影响研究.中国农业科技导报，9（3）：13-17.

黄琼，刘海波，支援，等，2011.转*CpTI*基因大米在五指山小型猪体内消化稳定性的初步研究［J］.卫生研究，40（6）：680-683.

蒋高明，2010.试论转基因作物的生态风险［J］.科学对社会的影响（2）：42-47.

蒋家唤，郭奕明，杨映根，等，2003.转基因水稻的研究和应用［J］.植物学通报，20（6）：736-744.

李敏，朴建华，刘巧泉，等，2008.富含抗性淀粉转基因大米对大鼠肠道健康的影响

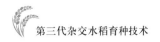

［J］.营养学报，30（4）：59–65.

李敏，朴建华，杨晓光，等，2010.转双反义*SBE*基因大米的亚慢性毒性实验［J］.卫生研究，39（4）：436–443.

李英华，朴建华，陈小萍，等，2004a.转基因大米的免疫毒理学评价［J］.中国公共卫生，20（4）：404–406.

李英华，朴建华，陈小萍，等，2004b.*Xa*21转基因大米的营养学评价［J］.卫生研究，33（6）：303–306.

李英华，朴建华，卓勤，等，2004.*Xa*21转基因大米对大鼠致畸作用的实验研究［J］.卫生研究，33（3）：710–712.

刘薇，王树涛，陈英旭，等，2011.转*Bt*基因水稻根际土壤微生物多样性的磷脂脂肪酸表征［J］.应用生态学报，22（3）：727–733.

刘雨芳，刘文海，朱春花，等，2007.转基因工程抗虫杂交稻大米的食品安全评价［J］.湖南科技大学学报，22（4）：107–112.

卢宝荣，2008.我国转基因水稻的环境生物安全评价及其关键问题分析［J］.农业生物技术学报，16（4）：547–554.

鲁运江，2009.基因工程及转基因食品的规范开发利用前景［J］.种子科技，27（9）：17–19.

强胜，宋小玲，戴伟民，等，2010.抗除草剂转基因作物面临的机遇与挑战及其发展策略［J］.农业生物技术学报，18（1）：114–125.

宋亚娜，苏军，陈睿，等，2011.转*cry*1Ac/*cpti*基因水稻对土壤酶活性和养分有效性的影响［J］.华北昆虫学报，20（3）：243–248.

孙国庆，金芜军，宛煜嵩，等，2010.中国转基因水稻的研究进展及产业化问题分析.生物技术通报（12）：1–6.

汪魏，许汀，卢宝荣，2010.抗除草剂转基因植物的商品化应用及环境生物安全管理［J］.杂草科学（4）：1–9.

王慧中，黄大年，鲁瑞芳，等，2000.转*mtlD/gutD*双价基因水稻的耐盐性［J］.科学通报，45（18）：1685–1689.

王明利，2006.中国稻米进出口贸易状况及未来趋势展望.农业展望（7）：3–7.

杨列勋，李国胜，2006.转基因农作物经济影响和发展战略研究取得显著进展.中国科学基金（2）：101-103.

姚春馨，许明辉，李进斌，等，2006. 转溶菌酶基因水稻稻米毒理及致畸作用试验［J］. 西南农业学报，19（1）：103-110.

于志晶，张文娟，李淑芳，等，2010. 水稻抗虫转基因研究进展［J］.吉林农业科学，35（60）：16-20.

张群，2015. 转基因食品检测关键技术研究及应用.食品与生物技术学报，11：1232-1232.

张硕，2010. 转基因植物安全评价及其伦理探析［J］.沈阳农业大学学报，12（5）：610-613.

张珍誉，刘立军，张琳，等，2010. 转*Bt*基因水稻稻谷对小鼠的亚慢性毒性实验［J］.毒理学杂志，24（2）：126-129.

朱桢，2001. 高效抗虫转基因水稻的研究与开放［J］.中国科学院院刊，16（5）：353-357.

朱桢，2010. 转基因水稻研究发展.中国农业科技导报，12（2）：9-16.

Ames C D，Nilda R B，David R G，et al.，2007. Weedy rices-origin，biology and control ［M］. Rome：FAO Plant Production and Protection：188.

Domon E，Takagi H，Hirose S，et al.，2009.26-Week oral safety in macaques for transgenic rice containing major human T-cell epitope peptides from Japanese cedar pollen allergens ［J］. Journal of Agricultural and Food Chemistry，57：5633-5638.

Hitta A，Cafferkey R，Boedish B，1989. Production of antibodies in transgenic plants ［J］. Nature，342（6245）：76-78.

Jia S R，Wang F，Shi L，et al.，2007. Trangene flow to hybrid rice and its male-sterile lines ［J］. Transgenic Research，16（4）：491-501.

Kroghsbo S，Madsen C，Poulsen M，et al.，2008. Immunotoxicological studies of genetically modified rice expressing Cry1Ab PHAE lectin or Bt toxin in Wistar rats ［J］. Toxicology，245：24-34.

Mercer K L，Andow D A，Wyse D L，et al.，2007. Stess and domestication traits increase the relative fitness of crop-wild hybrids in sunflower ［J］. Ecology Letters，10（5）：383-393.

Momma K，Hashimoto W，Ozawa S，et al.，1999. Quality and safety evaluation of

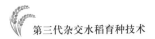

genetically engineered rice with soybean glycinin: analyses of the grain composition and digestibility of glycinin in transgenic rice [J]. Bioscience, Biotechnology, and Biochemistry, 63: 314-318.

Momma K, Hashimoto W, Yoon H J, et al., 2000. Safety assessment of rice genetically modified with soybean glycinin by feeding studies on rats [J]. Bioscience, Biotechnology, and Biochemistry, 64: 1881-1886.

Oka H I, Chang W T, 1961. Hybrid swarms between wild and cultivated rice species, Oryza perennis and O. sativa [J]. Evolution, 21: 418-430.

Pampulha M E, Ferreira M A, Oliveira A, 2007. Effects of a phosphinothricin based herbicide on selected groups of soil microorganisms [J]. Journal of Basic Microbiology, 47 (4): 325-331.

Poulsen M, Kroghsbo S, Schroder M, et al., 2007. A 90-day safety study in Wistar rats fed genetically modified rice expressing snowdrop lectin Galanthus nivalis (GNA) [J]. Food and Chemical Toxicology, 45: 350-363.

Rong J, Lu B R, Song Z P, et al., 2007. Dramatic reduction of crop-to-crop gene flow within a short distance from transgenic rice fields [J]. New Phytologist, 173 (2): 346-353.

Schroder M, Poulsen M, Wilcks A, et al., 2007. A 90-day safety study of genetically modified rice expressing Cry1Ab protein (Bacillus thuringiensis toxin) in Wistar rats [J]. Food and Chemical Txicology, 45: 339-349.

Shivrain V K, Burgos N R, Rajguru S N, et al., 2007. Gene flow between Clearfield TM rice and red rice [J]. Crop protection, 26: 349-356.

Tang M, Xie T T, Cheng W K, et al., 2012. A 90-day safety study of genetically modified rice expressing rhIGF-1 protein in C57BL/6J rats [J]. Transgenic Research, 21: 499-510.

Wang F, Yuan Q H, Shi L, et al., 2006. A large-scale field study of transgene flow from cultivated rice (*Oryza sativa*) to common wild rice (*O. rufipogon*) and bamyard grass (*Echinochloa crusgalli*) [J]. Plant Biotechnology (4): 667-676.

Wang H X, Chen X, Tang J J, et al., 2004. Influence of the straw decomposition of Bt transgenic rice on soil culturable microbial flora [J]. Acta Ecologica Sinica, 24 (1): 89-94.

Wang Z H, Wang Y, Cui H R, et al., 2002. Toxicological evaluation of transgenic rice flour with a synthetic cry1Ab gene from Bacillus thuringiensis [J]. Journal of the Science of Food and Agriculture, 82: 738–744.

Wu L C, Li X F, Ye Q F, et al., 2004. Expression and root exudation of Cry1Ab toxin protein in Cry1Ab transgenic rice and its residue in rhizosphere soil [J]. Environmental Science, 25 (5): 116–121.

Xu W T, Li L T, Lu J, et al., 2002. Analysis of caecal microbiota in rats fed with genetically modified rice by real-time quantitative PCR [J]. Food Science, 76 (1): 88–93.

Yuan Q H, Shi L, Wang F, et al., 2007. Investigation of rice transgene flow in compass sectors by using male sterile line as a pollen detector [J]. heoretical and Applied Genetics, 115: 549–560.

Zhang N Y, Linscombe S, Oard J, 2003. Out-crossing frequency and genetic analysis of hybrids between transgenic glufosinate herbicide-resistant rice and the weed, red rice [J]. Euphytica, 130 (1): 35–45.

Zhou X H, Dong Y, Xiao X, et al., 2011. A 90-day toxicology study of high-amylose transgenic rice grain in sprague-dawley rats [J]. Food and Chemical Toxicology, 49: 3112–3118.

第七章　第三代杂交水稻不育系商业化生产

第一节　第三代杂交水稻的生产

一、三系法杂交种的制备

不育系种子的大量制备，从另一个方面来讲就是杂交种子的大量制备。下面我们阐述三系法杂交种的制备、两系法杂交种的制备和第三代杂交种的制备3种不同制种技术。

"三系"是水稻杂种优势利用的基础。所谓三系法，是指雄性不育系、雄性不育保持系和雄性不育恢复系，简称不育系（A）、保持系（B）和恢复系（R）。要实现"三系"配套，首先利用少量的水稻雄性不育植株培育出一个雄性不育系，这个雄性不育系可以无限扩展到任意大；然后选配出保持系，保持系是一种常规水稻，它能使雄性不育系水稻的雄性不育特性世世代代百分之百地保持下去；最后还必须找到另外一种被命名为恢复系的常规水稻，这种常规稻与不育系杂交之后，其杂交后代可全面恢复其雄性可育性而自交结实，由此获得F1代种子而用于大田生产。这样，每年用一部分不育系和保持系杂交，其杂交后代保持了雄性不育的特性，就可以延续不育系后代；用另一部分不育系与恢复系杂交，其后代恢复了雄性可育的活力，因而可以自交结实，以制备大田生产所需的F1代种子，农民就能应用这些具有较大增产优势的杂交种子进行大田生产，而不必采取任何其他复杂的技术措施。用一个简图就可以把三系育种的技术思路清楚地表达出来，如图7-1所示。

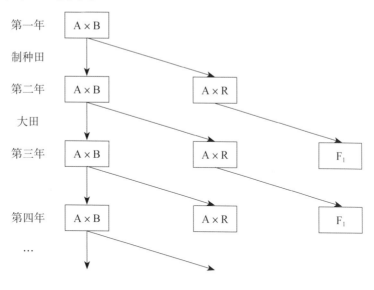

图7-1　三系在生产上的应用关系

（A为不育系，B为保持系，R为恢复系。F₁为杂交一代，保持系和恢复系另设专门种子田）

二、两系法杂交种的制备

与过去一贯利用的核质互作不育系的三系法比较，两系法不需要使用保持系，就是利用光温敏核不育系繁殖杂种，光温敏核不育系在不同的气候条件下，可以由不育转化为可育，即省去了保持系与不育系杂交繁殖不育系后代的这个环节，如图7-2所示。

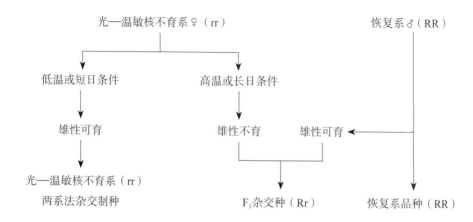

图7-2　不育系繁殖杂交制种

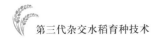

三、第三代杂交种的制备

自1966年袁隆平先生报道隐性核不育水稻后，相继发现了许多不育材料。这类不育材料的共同特点是不育性稳定、杂交制种安全，易于配制高产、优质、多抗组合，共同的缺点是无法实现不育系种子的批量繁殖。

第三代杂交稻中的保持系如何繁殖，不育系如何制备，保持系和不育系如何分拣，这些问题均是第三代杂交稻发生、发展和利用要解决的问题。

保持系种子在外观形态上呈现红色，在生长过程中通过自花授粉完成结实，所结的稻穗上一半是不育的无色种子，一半是可育的红色种子。下表显示了雌雄配子产生的比例、红色种子与白色种子形成的比例。

红色种子和白色种子的分拣需要借助荧光色选机进行区分。目前色选机分拣准确率无法达到100%，通过利用色选机进行色选在实验室下开展实验的用种是可以的，但用于生产性分拣就会存在转基因材料泄露的危险。同时也存在着品种权泄露的隐患。可通过改良不育系创制的途径，解决这些问题（表7-1）。

表7-1 第三代保持系自交基因型分析

雄配子基因型 ＼ 雌配子基因型		
	红色种子	白色种子
（致死配子）	—	—

注：○代表染色体上隐性核育性基因发生突变，●代表插入红色荧光蛋白基因-花粉致死基因-正常核育性基因三连锁基因片段

白色种子为雄性不育，红色种子可以产生有活力的花粉。让红色种子的花粉授到白色种子的柱头上，这样在白色种子的植株上结出的种子全部为白色的种子，即为不育系，这样无须经过色选机的筛选。在制备不育系的过程中，需将不

育系种植在中间，两侧种植红色种子，类似于三系和两系法中的赶粉实验。这种操作简便易行，其原理如图7-3所示。

白色种子（♀）× 红色种子（♂）

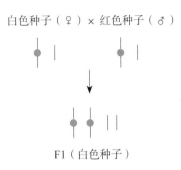

F1（白色种子）

图7-3 大量不育系种子制备的基因型分析

参考文献

邓晓辉，张蜀宁，侯喜林，等，2006. 胞质雄性不育相关基因的克隆及其表达分析［J］. 西北植物学报，26（9）：1859-1863.

李殿荣，1986. 甘蓝型油菜雄性不育系、保持系、恢复系选育成功并已大面积推广［J］. 中国农业科学，19（04）：94.

李鹏，牟秋焕，石运庆，等，2006. 不同核背景对小麦V-CMS coxⅢ基因转录本编辑的影响［J］. 生物技术通报（4）：86-91.

李文强，张改生，牛娜，等，2009. 小麦质核互作雄性不育系线粒体DNA变异性的RAPD分析. 分子植物育种，7（3）：490-496.

林世成，闵绍楷，1991. 中国水稻品种及其系谱［M］. 上海：上海科学技术出版社.

蔺兴武，吴建国，石春海，2005. 远缘杂交油菜核不育系的创建及其细胞学和形态学研究［J］. 遗传，27（3）：1386-1396.

刘龙龙，张丽君，范银燕，等，2013. 燕麦雄性不育新种质在遗传改良中的应用［J］. 植物遗传资源学报，14（1）：189-192.

马晓娣，王建书，卢彦琦，等，2012. 不同温度条件下高粱温敏雄性不育系冀130A育性变化规律及花粉败育研究［J］. 植物遗传资源学报，13（2）：212-218.

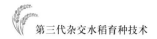
裴雁曦，陈竹君，曹家树，等，2004. 茎瘤芥胞质雄性不育性与线粒体T基因选择性剪接有关［J］.科学通报，49（22）：2312-2317.

石明松，1981. 晚粳自然两用系的选育及应用初报［J］.湖北农业科学（7）：1-3.

石明松，1985. 对光照长度敏感的隐性雄性不育水稻的发现与初步研究［J］.中国农业科学（2）：44-48.

易平，余涛，刘义，等，2004. 水稻线粒体基因的表达受核背景的影响［J］.遗传，26（2）：186-188.

赵荣敏，王迎春，范云六，等，2000. 油菜玻利马胞质雄性不育相关线粒体基因orf224在大肠杆菌中的克隆和表达.农业生物技术学报，26（5）：575-578.

周洪生，1994. 玉米细胞质雄性不育遗传机理的研究现状［J］.遗传，16（1）：45-48.

周时荣，2009. 水稻花粉半不育基因PSS1的图位克隆与功能研究［D］.南京：南京农业大学硕士学位论文.

Albertsen M C，Fox T W，Hershey H P，et al.，2006.Nucleotide sequences mediating plant male fertility and method of using same. Patent No.WO2007002267.

Bedinger P，1992. The remarkable biology of pollen［J］.Plant Cell，4：879-887.

Bellacui M，Grelon M，Pelletier G，et al.，1999. The restorer Rfo gene acts post-translationally of the ORF138 Ogura CMS-associated prorein in reproductive tissues of rapeseed cubrids. Plant Molecular Biology，40：893-902.

Bellaoui M，Martin-Canadell A，Pelletier G，et al.，1998. Low-copy-number molecular are produced by recombination，actively maintained and can be amplified in the mitochondrial genome of Brassicaceae：relationship to reversion of the male sterile phenotype in some cybrids. Mol Gen Genet，257：177-185.

Bhatia A，Canales C，Dickinson H，2001. Plant meiosis：the means to 1N［J］.Trends Plant Sci，6：114-121.

Chen C B，Xu Y Y，Ma H，et al.，2005. Cell biological characterization of male meiosis and pollen development in rice［J］.J Integr Plant Biol，47：734-744.

Coen E S，Meyeromitz E M，1991. The war of the whorl：genetic interaction controlling flower development［J］.Nature，353：31-37.

Cui X Q, Wise R P, Schnable P S, 1996. The rf2 nuclear restorer gene of male-sterile T-cytoplasm maize [J]. Science, 272: 1334-1336.

Dawe R, 1998. Meiotic chromosome organization and segregation in plants [J]. Annu Rev Plant Physiol Plant Mol Biol, 49: 371-395.

Delome R, Foisset N, Horvais R, et al., 1998. Characterisation of the radish introgression carrying the Rfo restorer gene for the Oguinra cytoplasmic male sterility in rapeseed (Brassica napus L.). Theor Appl Genet, 97: 129-134.

Ding J H, Lu Q, Ouyang Y, et al., 2012. A long noncoding RNA regulates photoperiod-sensitive male sterility, an essential component of hybrid rice [J]. PNAS, 109 (7): 2654-2659.

Handa H, 2003. The complete nucleotide sequence and RNA editing content of the mitochondrial genome of rapeseed (Brassica napus L.): comparative analysis of the mitochondrial genome of rapeseed and Arabidosis thaliana. Nucleic Acids Res, 31 (20): 5907-5916.

He S C, Abad A R, Gelvin S Bet al., 1996. A cytoplasmic male sterility-associated mitochondrial protein causes pollen distribution in transgenic tobacco. Proc Nayl Acad Sci USA, 93: 11763-11768.

He S, Yu Z H, Vallejos C E, et al., 1995. Pollen fertilitu restoration by nuclear gene Fr in CMS common bean: an Fr linkage map and the mode of Fr action. Theor Appl Genet, 90: 1056-1062.

Hemould M, Suharsono S, Litvak S, et al., 1993. Male-sterility induction in transgenic tobacco plants with an unedited atp9 mitochondrial gene from wheat. Proc Natl Acad Sci USA, 90: 2370-2374.

Hong L L, Qian Q, Zhu K M, et al., 2010. ELE restrains empty glumes from developing into lemmas [J]. J Genet Genomics, 37 (2): 101-115.

Hong L L, Tang D, Zhu K M, et al., 2012. Somatic and reproductive cell development in rice anther is regulated by a putative glutaredoxin [J]. Plant Cell, 24 (2): 577-588.

Honma T, Goto K, 1994. Complexes of MADS-box proteins are sufficient to convert leaves

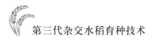
into floral organs［J］. Nature，409：525-529.

Iwabuchi M，Koizuka N，Fujimoto H，et al.，1999. Identification and expression of the kosena radish（Raphanus sativus cv. Kosena）homologue of the ogura radish CMS-associated gene，orf138［J］. Plant Mol Biol，39：183-188.

Iwabuchi M，Kyozuka J，Shimamoto K，1993. Processing followed by complete editing of an altered mitochondrial atp6 RNA restorer fertility of cytoplasmic male sterile rice. EMBO J，12：1437-1446.

Janska H，Sarria R，Woloszynska M，et al.，1998. Stoichiometric shifts in the common bean mitochondrial genome leading to male sterility and spontaneous reversion to fertility. Plant Cell，10：1163-1180.

Jung K H，Han M J，Lee Y S，et al.，2005. Rice undeveloped Tapetum1 is a major regulator of regulator of early tapetum development［J］. Plant Cell，17：2705-2722.

Jung K H，Han M J，Lee D Y，et al.，2006. Wax-deficient anther1 is involved in cuticle and wax production in rice anther walls and is required for pollen development［J］. Plant Cell，18：3015-3032.

Kanazawa A，Tsutsumi N，Hirai A，1994. Reversible changes in the composition of the population mtDNA during dedifferentiation and regeneration in tobacco. Genetics，138：865-870.

Kaneko M，Inukai Y，Ueguchi-tanaka M，et al.，2004. Loss-od-function mutation of the rice GAMYB gene impair alpha-amylase expression in aleurone and flower development［J］. Plant Cell，16（1）：33-44.

Krishnasamy S，Makaroff C A，1994. Organ-specific reduction in the abundance of a mitochondrial protein accompanies fertility restoration in cytoplasmic male-sterile radish［J］. Plant Mol Biol，26：935-946.

Kubo T，Nishizawa S，Sugawara A，et al.，2000. The complete nucleotide sequence of the mitochondrial genome of sugar beet（Beta vulgaris L.）reveals a novel gene for tRNA Cys（GCA）. Nucleic Acids Res，28：2571-2576.

Laver H K，Reynolds S J，Monegar F，et al.，1991. Mitochondrial genome organization and expression associated with cytoplasmic male sterility in sunflower (Helianthus annuus) . Plant J, 1: 185-193.

Leaver C J, 1982. Mitochondrial genome organization and expression in higher plants. Annu Rev Plant Physiol, 33: 373-402.

Leon P, Arroyo A, Mackenzie S, 1998. Nuclear control of plastid and mitochondrial development in higher plants [J] . Annu Rev Plant Physiol Plant Mol Biol, 49: 453-480.

Li H, Pinot F, Sauveplane V, et al., 2010. Cytochrome P450 family member CYP704B2 catalyzes the omega-hydroxylation of fatty acids and is required for anther cutin biosynthesis and pollen exine formation in rice [J] . Plant Cell, 22 (1) : 173-190.

Li N, Zhang D S, Liu H S, et al., 2006. The rice tapetum degeneration retardation gene is required for tapetum degradation and anther development [J] . Plant Cell, 18: 2999-3014.

Li X Q, Jean M, Landry B S, et al., 1998. Restorer genes for different forms of brassica cytoplasmic male sterility map to a single nuclear locus that modifies transcripts of several mitochondrial genes. Proc Natl Acad Sci USA, 95 (17) : 10032-10037.

Ma H, 2005. Molecular genetic analyses of microsporogenesis and microgametogenesis in flowering plants [J] . Annu Rev Plant Biol, 56: 393-434.

Newton K J, Winberg B, Yamato K, et al., 1995. Evidence for a novel mitochondrial promoter preceding the coxII gene of perennial teosintes [J] . EMBO J, 14: 585-593.

Nonomura K I, Nakano M, Eiguchi M, et al., 2006. PAIR2 is essential for homologous chromosome synapsis in rice meiosis I [J] . J Cell Sci, 119: 217-225.

Nonomura K I, Nakano M, Fukuda T, et al., 2004.The novel gene homologous pairing aberration in fice meiosisi of rice encodes a putative coiledcoil protein required for homologous chromosome pairing in meiosis [J] . Plant Cell, 16 (4) : 1008-1020.

Nonomura K I, Nakano M, Murata K, et al., 2004. An insertional mutatoion in the rice PAIR2 gene, the ortholog of Arabidops is ASY1, results in a defect in homololgous chromosome pairing during meiosis [J] . Mol Genet Genomics, 271 (2) : 121-129.

Nonomura K, Miyoshi K, Eiguchi M, et al., 2003. The MSP1 gene is necessary to restrict the number of cells entering wall formation in rice [J] . Plant Cell, 15 (8) : 1728-1739.

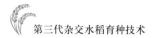
Notsu Y，Masoood S，Nishikawa T，et al.，2002. The complete sequence of the rice（Oryza sativa L.）mitochondrial genome：frequent DNA sequence acquisition and loss during the evolution of flowering plants. Mol Genet Genomics，268：434-445.

Pacini E，Franchi G，1993. Role of the tapetum in pollen and spore dispersal［J］. Plant Syst Evol，7：1-11.

Papini A，Mosti S，Brighigna L，1999. Programmed-cell-death events during tapetum development of angiosperms［J］. Protoplasma，207：312-221.

Perez-Prat E，2002. Hybrid seed production and the challenge of propagating male-sterile plants. Trends Plant Sci，7（5）：199-203.

Sanders P，Bui A，Weterings K，et al.，1999. Anther developmental defects in Arabidopsis thaliana male-sterile mutants［J］. Sex Plant Reprod，11（6）：297-322.

Sarria R，Lyznik A，Vallejos C E，et al.，1998. A cytoplasmic male sterility-associated mitochondrial peptide in common bean is post-translationally regulated. Plant Cell，10：1217-1228.

Schnable P S，Wise R P，1998. The molecular basis of cytoplasmic male sterility and fertility restoration［J］. Trends in Plant Science，3：175-180.

Schneiter A A，Miller J F，1981. Description of sunflower growth stages［J］. Crop Science，21：901-903.

Shao T，Tang D，Wang K，et al.，2011. OsREC8 is essential for chromatid cohesion and metaphase I monopolar orientation in rice meiosis［J］. Plant Physiol，156（3）：1386-1396.

Singh M，Brown G G，1991. Suppression of cytoplasmic male sterility by nuclear genes alters expression of a novel mitochondrial gene region. Plant Cell，3：1349-1362.

Singh M，Hamel N，Menassa R，et al.，1996. Nuclear genes associated with a single Brassica CMS restorer locus influence transcripts of three different mitochondrial gene regions. Genetics，143：505-516.

Stahl R，Sun S，L'omme Y，et al.，1994. RNA editing of transcripts of a chimeric mitochondrial gene associated with cytoplasmic male-sterility in Brassica. Nucleic Acids

Res, 22 (11): 2109-2113.

Stieglitz H, 1977. Role of beat-1, 3-glucanase in postmeiotic microspore release [J]. Dev Biol, 57 (1): 87-97.

Sugiyama Y, Watase Y, Nagase M, et al., 2005. The complete nucleotide sequence and multipartite organization of the tobacco mitochondrial genome: comparative analysis of mitochondrial genome in higher plants. Mol Genet Genomics, 272 (6): 603-615.

Sun Y J, Hord C L H, Chen C B, et al., 2007. Regulation of Arabidopsis early anther development by putative cell-cell signaling molecules and transcriptional regulators [J]. J Inter Plant Biol, 49 (1): 60-68.

Unseld M, Marienfeld J R, Brandt P, et al., 1997. The mitochondrial genome of Arabidopsis thaliana contains 57 genes in 366, 924 nucleotides. Nature Genetics, 15: 57-61.

Wan L, Zha W, Cheng X, et al., 2011. A rice β-1, 3-glucanase gene Osg1 is required for callose degradation in pollen development [J]. Planta, 233 (2): 309-323.

Wang M, Tang D, Luo Q, et al., 2012. BRK1, a Bub1-related kinase, is essential for generating proper tension between homologous kinetochores at metaphase I of rice meiosis [J]. Plant Cell, 24 (12): 4961-4973.

Weigel D, Meyerowitz E M, 1994. The ABCs of floral homeotic genes [J]. Cell, 78: 203-209.

Yuan W, Li X, Chang Y, et al., 2009 Mutation of the rice gene PAIR3 results in lack of bivalent formation in meiosis [J]. Plant J, 59 (2): 303-315.

Zhang D S, Liang W Q, Yuan Z, et al., 2008. Tapetum degeneration retardation is critical for aliphatic metabolism and gene regulation during rice pollen development [J]. Mol Plant, 1 (4): 599-610.

Zhang D, Liang W, Yin C, et al., 2010. OsC6, encoding a lipid transfer protein, is required for postmeiotic anther development in rice [J]. Plant Physiol, 154 (1): 149-162.

Zhang H, Liang W, Yang X, et al., 2010. Carbon starved anther encodes a MYB domain protein that regulates sugar partitioning required for rice pollen development [J]. Plant Cell, 22 (3): 672-689.

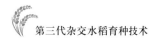

Zhou H, Liu Q J, Li J, et al., 2012. Photoperiod-and thermo-sensitive genic male sterility in rice are caused by a point mutation in a novel noncoding RNA that produces a small RNA [J]. Cell Res, 22: 649-660.

Zhou S R, Wang Y, Li W C, et al., 2011 .Pollen Semi-Sterility1 encodes a kinesin-1-like protein important for male meiosis, anther dehiscence, and fertility in rice [J]. Plant Cell, 23 (1): 111-129.

Zhu Q H, Ramm K, Shivakkumar R, et al., 2004. The Anther Indehiscencek gene encoding a single MYB domain protein is involved in anther development in rice [J]. Plant Physiol, 135 (3): 1514-1525.